高 等 院 校 工 程 训 练 课 程 教 材
教育部产学合作协同育人项目成果

3D 打印技术基础及实践

杨 琦　糜 娜　曹 晶　编著

U0246873

合肥工業大學出版社

图书在版编目(CIP)数据

3D打印技术基础及实践/杨琦,糜娜,曹晶编著．—合肥:合肥工业大学出版社,2018.12

ISBN 978-7-5650-4286-7

Ⅰ.①3… Ⅱ.①杨…②糜…③曹… Ⅲ.①立体印刷—印刷术—教材 Ⅳ.①TS853

中国版本图书馆 CIP 数据核字(2018)第 269464 号

3D 打印技术基础及实践

杨琦 糜娜 曹晶 编著 　　　　　责任编辑 汤礼广

出　版	合肥工业大学出版社	版　次	2018 年 12 月第 1 版	
地　址	合肥市屯溪路 193 号	印　次	2018 年 12 月第 1 次印刷	
邮　编	230009	开　本	787 毫米×1092 毫米　1/16	
电　话	理工编辑部:0551-62903087	印　张	11.25	
	市场营销部:0551-62903198	字　数	226 千字	
网　址	www.hfutpress.com.cn	印　刷	合肥现代印务有限公司	
E-mail	hfutpress@163.com	发　行	全国新华书店	

ISBN 978-7-5650-4286-7　　　　　　　定价:30.00 元

前言

　　增材制造俗称 3D 打印,它的出现对传统的工艺流程、生产线、工厂模式、产业链组合均产生了深刻影响,是制造业具有代表性的颠覆性技术。美国《时代周刊》将增材制造列为"美国十大增长最快的工业"。英国《经济学人》杂志认为"它与其他数字化生产模式一起推动实现第三次工业革命"。我国将其列为重点发展的制造技术之一,例如《增材制造产业发展行动计划(2017—2020 年)》明确提出:推动"3D 打印+医疗"、"3D 打印+文化创意"、"3D 打印+创新教育"、"3D 打印+互联网"的示范应用,加快培育一批创新能力突出、特色鲜明的示范企业和产业集聚区;推动增材制造技术在航空、航天、船舶、核工业等领域的创新应用。发达国家和发展中国家均十分重视 3D 打印技术的推广和应用。

　　目前,我国 3D 打印行业人才缺口相当大,而 3D 打印的专业教育和培训又没有跟上时代发展的需要。在创新驱动发展的背景下,面对产业转型升级的形势和新旧动能转换的需求,2017 年教育部提出"新工科"建设后,从"复旦共识""天大行动"到"北京指南",全国各地均奏响了人才培养的主旋律,寻找开拓工程教育改革新路径。其中将 3D 打印技术融入 STEAM 教育(科学、技术、工程、艺术、数学等多学科融合的综合教育),以项目驱动式的方式培养学生发现问题、解决问题、沟通和协作的能力。这不仅可以使学生的创意能够实现,而且可以提升学生的创新创业能力,达到培养科技人才的目的。

　　为了让学生和相关人员在较短时间内,掌握 3D 打印的基础知识和基本技术,作者根据自己对 3D 打印技术的研究和长期从事工程训练教学的经验,编写了这本 3D 打印技术基础及实践的教材。本书虽然强调专业性,但更偏向于实践操作,力求做到专业性和可操作性的有机统一。本书分为八个章节。第 1 章主要介绍 3D 打印基础知识;第 2 章介绍 3D 打印的工艺和材料;第 3 章介绍 3D 打印机的组成与结构;第 4 章以 SolidWorks 建立的 8 个典型产品模型为例,介绍三维建模的基本方法与过程;第 5 章简要介绍三维模型的切片原理和 Gcode 编程基础;第 6 章介绍 FDM 类 3D 打印机的操作基本过程和不同类型零件的加工方法;第 7 章介绍关于 3D 打印的误差分析及常见问题的处理方法;第 8 章介绍与"互联网＋3D 打印"有关的知识。

本书是教育部产学合作协同育人项目(201602032012、201702120071)、安徽省高等学校省级质量工程项目(2017zhkt074)、安徽工业大学质量工程项目(2017－99、2018－28)、安徽工业大学实验开发基金项目(2015025、2016023、2017016)的具体成果。

本书可作为各类学校学生学习和实践 3D 打印技术的教材,也可作为广大创客学习和掌握 3D 打印技术的参考用书。

本书由杨琦、糜娜、曹晶主编,温从众、邬宗鹏、胡晓磊、王秀珍、郭佳肂、许家宝参加了部分章节的编写和校对工作。作者在编写本书过程中,获得了安徽工业大学继续教育学院晏群教授提供的 SolidWorks 软件及培训支持;获得了北京太尔时代科技有限公司副总经理颜旭涛、经理李彦涛,北京正天恒业数控技术有限公司总经理卢绣熔等人提供的设备和技术支持;还得到马鞍山市教育局汪昌斌局长、马鞍山市第二中学郑蒲港分校国际课程中心胡晓明老师提供的中学实践支持;另外,安徽工业大学有关部门的领导也以不同形式对本书编写工作给予关心和支持。在此,对以上人员一并表示感谢。

本书在编写过程中,参考了大量的文献资料(文字、表格、图形、模型等素材),其版权为原作者所有,虽尽可能地在本书参考文献中注明了其资料来源,但难免仍有遗漏之处,在此向所有提供参考资料的作者表示谢意。随着 3D 打印技术应用的不断深入,该领域的理论和技术在不断发展,尽管作者力求吸纳 3D 打印最新技术理论和应用成果,但由于水平有限,书中的疏漏和不妥之处在所难免,敬请读者批评指正。

与本书配套的网络课程(MOOC、微课、智慧课堂)已初步建立(http://moocl. chaoxing. com/course/200621313. html),欢迎读者向作者索取与本书配套的教学资料(E－mail:80310279@qq. com)。

作　者

目录

第1章
3D 打印基础

《老子》(六十四章)云:"合抱之木,生于毫末;九层之台,起于累土;千里之行,始于足下。"3D 打印过程与其描述内容何其相似:从"毫"米级(常用的 1.75mm)的丝料或更细的粉"末"开始,通过逐层"累"积的方式,制造出 3D 物体。图 1-1 所示为美国国家航空航天局(NASA)计划在月球打印房屋示意图。"3D 打印"是近年来增材制造设备的生产商针对其消费市场创建出来的一个新名词,由于增材制造设备的"打印"过程与传统打印和复印的过程类似,因此"3D 打印"成为增材制造的"俗称"。

图 1-1　NASA 计划在月球打印房屋示意图(图片来源:NASA 官网)

1.1　3D 打印的定义

《增材制造术语》(GB/T35351-2017)定义增材制造(Additive Manufacturing,AM)是以三维数据为基础,通过材料堆积的方式制造零件或实物的工艺。而三维打印(Three

—Dimensional Printing)又称 3D 打印,是利用打印头、喷嘴及其他打印技术,通过材料堆积的方式制造零件或实物的工艺。因此,3D 打印技术包含于增材制造技术之中。3D 打印与传统机械制造过程的区别为:传统机械制造是通过由大到小、由重到轻逐步"去除"毛坯上多余的材料来完成零件加工;而 3D 打印则是通过材料堆积方式完成制造过程,它不需要传统的刀具、夹具及多道加工工序。图 1-2 所示为上述两者工件成形方法示意图。

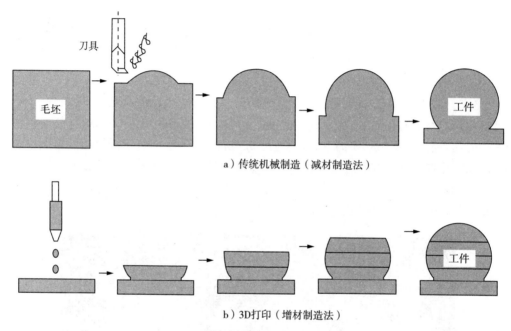

图 1-2　两种工件成形方法示意图

　　3D 打印以经过智能化处理的 3D 数字模型文件为基础,通过 3D 打印设备,快速而精确地制造出任意复杂形状的零件,从而实现"自由制造"。它解决了许多在过去难以制造的复杂结构零件的成形问题,并大大减少了加工工序,缩短了加工周期。3D 打印技术不是某项单一的技术,它集成了机械工程、计算机辅助设计、逆向工程、分层制造、激光、材料科学、数控等技术,它为零部件原型的制作、新设计思想的验证等应用提供一种高效且低成本的实现手段。

1.2　3D 打印的起源与发展

　　3D 打印技术被称为"19 世纪的思想,20 世纪的技术,21 世纪的市场"。3D 打印的理念起源于 19 世纪末美国研究的照相雕塑和地貌成形技术;在 20 世纪 80 年代为了满足科研探索和产品设计的需求，3D 打印在数字控制技术的推动下得以实现，但因其起步阶段成本较高，因此该技术只在业内小众群体中传播；进入 21 世纪以来，3D 打印技术逐渐走向成熟，初步形成产业并显示出巨大的发展潜力。2007 年以来，Makerbot 系列以及 RepRap 开源项目的出现，使得越来越多的 3D 打印爱好者带着新技术、新创意、新应用积极参与到 3D 打印技术的研发和推广中，3D 打印技术应用的春天到来了。

2012 年 4 月 21 日出版的英国《经济学人》杂志（如图 1-3 所示），通过专题论述了当今全球范围内工业领域正在经历的第三次革命（the third industrial revolution），认为 3D 打印技术可以实现社会化制造，每个人都可以开办工厂，并指出它将改变制造商品的方式，进而改变人类的生活方式。从此，3D 打印技术开始进入普通大众的视野。

图 1-3 《经济学人》杂志

1.3　3D 打印的原理与系统组成

3D 打印的原理与不同材料和工艺的结合形成了许多增材制造设备,这些设备广泛地应用于各个领域,其原理和工艺过程都基本相同。

1.3.1　3D 打印的基本原理

3D 打印的特点是快速制造单件或小批量的产品,这一技术特点使 3D 打印在产品创新中可起到显著的作用。

3D 打印可以说是一种"降维制造",即将三维的电子模型转化为二维层片后,进行分层制造,再通过逐层累积,形成三维实体,其原理如图 1-4 所示。其打印过程如下:

(1)构建产品的三维模型。可以利用计算机辅助设计与制造软件(如 SolidWorks、UG、PRO/E、CAXA 等)直接设计,或将现有产品的二维图样进行转换而形成三维模型,或对产品实体进行扫描、三维拍照等得到模型数据后,再利用反求工程的方法来构建。

(2)对三维模型的近似处理。用一系列的小三角形平面(精度可根据要求选择)来逼近模型的不规则曲面,对三维模型进行数据处理后,使用三角形网格的一种文件格式(* . stl)对文件进行存储。

(3)对三维模型的切片处理。根据被加工模型的特征合理选择加工方向,通常在 Z 向上用一系列一定间隔的平面切割模型,平面间隔越小,成形精度越高,但成形时间也越长,效率就越低。间隔一般取 0.05~0.5mm,常为 0.1~0.2mm。

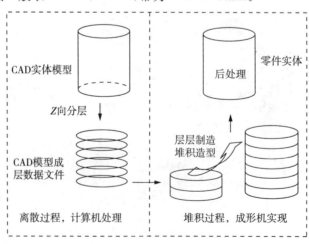

图 1-4　3D 打印技术基本原理

(4)成形加工。根据切片处理的截面轮廓,在计算机控制下,相应的成形头按各截面轮廓信息做扫描运动,在工作台上一层一层地堆积材料,各层相黏结,最终得到原型产品。

(5)成形零件的后处理。从成形设备中取出成形件,进行打磨、抛光等操作,完成零件成形的制作。

1.3.2　3D 打印系统的组成

一个较为完整的 3D 打印系统通常包括输入系统、制造工艺、材料使用和产品应用等 4 个关键部分,如图 1-5 所示。

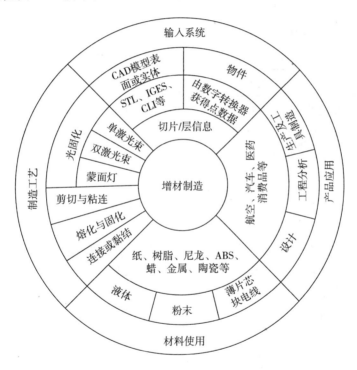

图 1-5　3D 打印系统的组成

1. 输入系统

输入系统的核心是建立三维数字化实体模型。三维实体可以由计算机辅助设计系统(CAD)建立和物体三维扫描反求两种方式得到。CAD 建模是一种正向建模的方式,可直接建立零件模型;三维扫描是一种逆向工程的方法,利用坐标测量仪、数字化扫描仪,捕捉实体模型的数据点,然后在 CAD 系统中进行重建模型。由于各种方法获得数据格式不同,各种 3D 打印设备支持的数据格式也不完全一致,通常将文件转化成"∗.stl"格式作为两者之间的桥梁。

2. 制造工艺

3D 打印制作的工艺大致可以分为光固化类、剪切与粘连类、熔化和固化类、连接或黏结类等,每类工艺根据使用的元件和材料的不同又可进一步细分若干种,例如光固化类又可进一步划分为单激光束类、双激光束类和蒙面灯类等。

3. 材料使用

3D 打印成形工艺的不同决定了对材料的要求不同,例如熔融挤压(FDM)工艺要求可熔融的线材,选择性激光烧结(SLS)工艺要求颗粒度较小的粉末,立体光刻(SLA)工艺要求对某一波段的光比较敏感的光敏树脂,三维印刷(3DP)工艺要求颗粒度较小的粉末和黏度较好的黏结剂。

3D 打印基本工艺及所使用的基本材料见表 1-1 所列。

表 1-1　3D 打印基本工艺及所使用的基本材料

工艺类型	代表技术	基本材料
挤压	熔融沉积式(FDM)	热塑性材料、共晶系统金属、可食用材料
粒状	选择性激光烧结(SLS)	热塑性塑料、金属粉末、陶瓷粉末
	电子束熔化成形(EBM)	钛合金
	选择性激光熔化成形(SLM)	钛合金、钴铬合金、不锈钢、铝
	直接金属激光烧结(DMLS)	几乎任何合金
	选择性热烧结(SHS)	热塑性粉末
层压	分层实体制造(LOM)	纸、金属膜、塑料薄膜
光聚合	立体光刻技术(SLA)	光固化树脂
	数字光处理(DLP)	光固化树脂
粉末层喷头	三维打印(3DP)	石膏粉末
线型	电子束自由成形制造(EBF)	几乎任何合金

4. 产品应用

3D 打印现已渗透到人们的衣、食、住、行之中,涵盖了包括设计、工程分析、生产及工具制造等领域。

1.4　3D 打印的主要应用领域

1.4.1　日常生活用品

珠宝、服饰、鞋类、玩具、创意 DIY 等日常生活用品均可以进行个性化设计和制造,也就是说,这类日常生活用品均可以采用3D打印制作,其材料可以选择用塑料、金属、陶瓷等。图1-6所示为3D打印的部分日常生活用品。可以想象3D打印能够进入每个办公室和每个家庭的景象,届时个性化的设计将充满了世界的每个角落,创意无处不在。不过3D打印技术的大规模普及也许还有很长一段路要走,因为目前包括3D打印机和材料的成本、材料的多样化、材料的安全性及操作的简易化等问题还未一一解决。

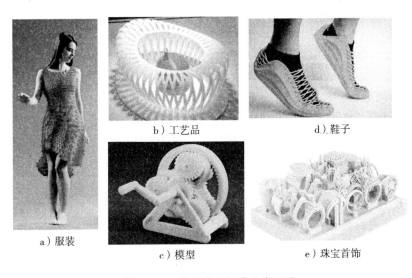

b) 工艺品　　　　d) 鞋子

a) 服装

c) 模型　　　　e) 珠宝首饰

图1-6　3D打印的部分日常用品

1.4.2　汽车工业

3D打印用于测试样件和应用模具设计使得设计者能够对所设计的产品有直观的感受,并且能够找出其中的问题从而对其进行优化,可明显提高产品的开发速度;3D打印技术还能快速地对造型复杂、轻量化或个性化的零件进行直接制造,使得零部件的开发和模具制作成本更低、风险更小、效率更高。早在3D打印技术发展的初期,欧美一些发达国家的汽车企业就将3D打印技术应用在汽车的开发和小批量试制领域。目前3D打印在汽车行业的主要应用为汽车设计、原型制造和模具开发。随着3D打印技术的日趋成熟,3D打印在汽车行业的应用,正在从用于最终检查和设计验证的相对简单的概念模型,演进到用于测试车辆、发动机和平台的功能性部件。由于3D打印技术可以使用金属材料,因此能使打印的零部件的力学性能和精度达到锻造级的指标,以保证汽车零部件对于精度和强度的要求。汽车行业对3D打印技术的应用,现正在向更高价值的应用迈进。

例如,Urbee2是设计公司KOR Ecologic、直接数字制造商RedEye On Demand以及

3D 打印制造商 Stratsys 合作完成的一款用 3D 打印制造的高燃油效率混合动力车。Urbee2 的车身是 3D 打印组成一体式的,包含了超过 50 个 3D 打印组件。亚琛工业大学(RWTH)设计开发的 STREET SCOTER C16 电动车的所有塑料外饰件都是采用大幅面的 OBJET1000 多材料 3D 打印机打印的,包括大前面板、背面板、门板、保险杠系统、侧裙、轮拱、灯面罩以及一些内部元器件、仪表盘等。

1.4.3　生物医疗

　　3D 打印在生物医疗方面的应用主要包括构建医学模型、人工骨骼、生物器官、牙齿、整形美容等方面,如图 1 - 7 所示。在构建医学模型方面,利用 3D 打印技术,可以用来进行包括神经外科、脊柱外科、整形外科、耳鼻喉科等外科模拟手术,以制定最佳手术方案,提高手术的成功率。在制造人工骨骼方面,可以根据患者的具体情况,制造出钛合金或多孔生物陶瓷等材料的人工骨,然后植入人体,目前该项技术已日趋成熟,并在患者身上成功应用。在制造牙齿方面,可以对患者的牙齿进行扫描,打印制造钛合金等材料的义齿支架。目前已经有专门应用于牙科的 3D 打印机。在整形美容方面,先利用扫描设备对需要整形的部位进行扫描,由计算机重现原来面貌,之后再通过 3D 打印面部缺损部分,最后再对患者进行整形美容。在制造生物器官方面,需要将支架材料、细胞所需营养及药物等化学成分在合理的位置和时间同时传递,进而形成生物器官,目前科学家们成功用 3D 打印技术制作出了仿生耳和肾脏等。随着人们对生物材料、成形分辨率、组织工程血管的制造等医学关键问题的解决,3D 打印技术在医学领域必将发挥出更大的作用。

1.4.4　航空航天

　　3D 打印技术在航空航天领域的应用主要集中在外形验证、直接产品制造和精密熔模铸造的原型制造等方面,例如,波音公司已经利用 3D 打印技术制造出了几百种不同的飞机零部件,其中波音 787 梦幻飞机上就有 30 个打印的零件;美国国家航空航天局(NASA)下一代太空探测车包含了 70 个 3D 打印的零部件;北京航空航天大学全面突破了钛合金、超高强度钢等难加工大型复杂关键构件的激光成形的关键技术。图 1 - 8 所示为通用电气公司(GE)采用 3D 打印技术制作的航空发动机 LEAP 的喷油嘴。通用电气公司还于 2017 年成功完成了对其新一代涡轮螺旋桨发动机(ATP)的测试,这款发动机(如图 1 - 9 所示)仅由 12 个独立部件组成(超过 1/3 是用钛金属进行 3D 打印的),与原先的 855 个零部件相比,发动机重量减轻了 5%,燃油效率提高了 20%,功率提高了 10%,同时维护也变得更加简单。随着材料及其技术的不断突破,3D 打印技术将在航空航天领域发挥更大的作用。

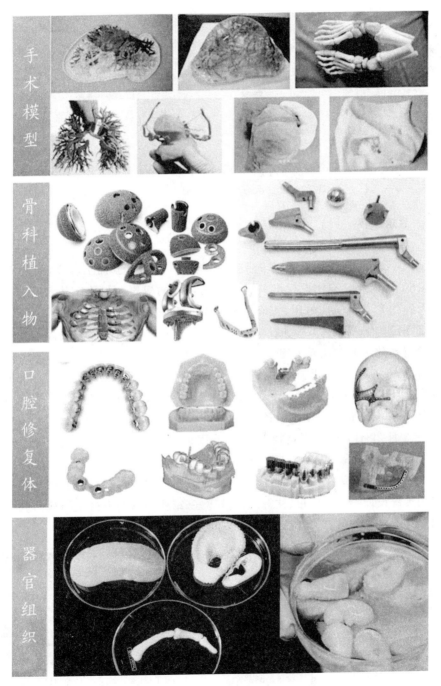

手术模型

骨科植入物

口腔修复体

器官组织

图1-7　3D打印在生物医学上的应用

图 1-8　航空发动机 LEAP 的喷油嘴

（来源：http://www.sohu.com/a/122598577_181700)

图 1-9　3D 打印的涡轮螺旋桨发动机（ATP)

（来源：https://www.sohu.com/a/214032210_181700)

1.2.5　建筑工程

3D 打印建筑就是用一种专用打印油墨，按照建筑图纸生成加工程序，通过机器设备自动跳断印出来，达到建筑建设标准并具有实用功能的建筑。与传统建筑行业相比，3D 打印的建筑具有美观、坚固、耐用、生态、环保和智能的特性，可以节约建筑材料 30%～60%、缩短工期 50%～70%、减少人工 50%～80%……从长远看，社会效益远大于经济效益，因为 3D 打印建筑能够让天更蓝、水更清、空气更清新。

2013 年 1 月，荷兰建筑师 Janjaap Ruijssenaars 与意大利发明家 Enrico Dini 一同合作，他们先打印出一些包含沙子和无机黏合剂、尺寸为 6m×9m 的建筑框架，然后用纤维强化混凝土进行填充，最终打印出一条称为 Landscape House 的概念模型，如图 1-12 所示。2014 年 3 月 29 日，盈创建筑科技（上海）有限公司在同济大学逸夫楼举行的 3D 打印建筑新闻发布会上宣布，全球第一座 3D 打印建筑在上海张江高新技术产业开发区诞生（如图 1-13 所示）。坐落在苏州工业园区的全球第一幢 3D 打印精装别墅（如图 1-14 所示），则采用传统设计，先将梁、板、柱等结构搭建好（结构为钢筋混凝土结构），其中墙体和柱子、楼板、梁的模壳均为打印产品，然后在现场进行二次灌注。

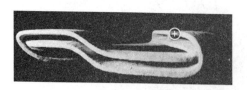

图 1-12　3D 打印的 Landscape House

图 1-13　全球第一座 3D 打印建筑

a）3D打印别墅外观

b）别墅的设计、生产、安装过程

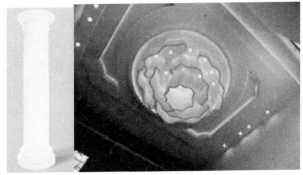

c）别墅内饰

图 1-14　第一幢 3D 打印的别墅

1.2.6 食品工业

3D 食品打印机是一款能像打印文件一样把食物"印"出来的机器。随着 3D 打印技术的发展,创客们根据需要对 3D 打印设备进行改装,使其配合 CAD 设计软件,控制机器将材料按照指定的轨迹进行逐层堆叠,制作出各式各样的 3D 打印食品。在罗马创客"嘉年华"上曾出现了一款意大利面 3D 打印机,如图 1-15 所示。2016 年 4 月 30 日,中央电视台《我爱发明》节目报道了我国哈尔滨工业大学研发出巧克力 3D 打印机,这款 3D 打印机可打印出各种形状的巧克力模型,如图 1-16 所示。

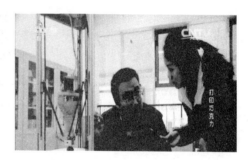

图 1-15　意大利面 3D 打印机　　　　图 1-16　巧克力 3D 打印机

随着 3D 打印的设备、技术、材料的不断发展,3D 打印技术的应用领域将会进一步扩大。

1.5　3D 打印技术的优点和不足

如前所述,3D 打印技术是将材料进行逐层堆叠黏合来制造产品,属于增材制造;而传统制造业则一般需要利用多种设备对原材料进行切削来实现零件成形,属于减材加工。因此,与传统制造技术相比,3D 打印技术具有明显的技术优势,但在目前的技术条件下也存在一定的局限性。

1.5.1　3D 打印技术的优点

(1)可降低制造形状复杂产品零件的难度。对于传统制造而言,产品零件形状越复杂,其加工难度越大,相应的制造成本就越高。但对于 3D 打印技术而言,制造形状复杂的零件并不比制造简单的柱状或长方体零件消耗更多的时间和成本。这意味着 3D 打印技术将打破传统的产品定价模式,最终会改变产品制造成本的计算方法。

(2)适合制造小批量、多品种的产品。传统加工制造设备功能较少,一个产品零件往往需要多台设备、多道工序才能完成其加工过程;零件品种的变化往往意味着工具、量具、夹具等一系列辅具的变化调整,因此无形中加大了制造成本和制造难度。而 3D 打印技术在加工小批量、多品种产品时,省去了操作者培训和购置新设备及辅具的成本,更换加工零件品种对 3D 打印机来说,只需要更换不同的数字设计文件和打印材料即可。

(3)对操作者技能的要求相对较低,制造产品的质量较为稳定。传统加工设备需要操作者花费一定的时间学习才能正确掌握操作技能,包括设备调整和校准。而 3D 打印技术从设计文件里获得各种指令并进行工作,对操作者掌握操作技能的要求相对较低,有时甚至可以说没有要求。因此,3D 打印技术一方面大大降低了人力成本,另一方面将操作者个人素质和技能对产品质量带来的不利影响降到了最低。

(4)可一体化生产,减少组装环节。3D 打印技术能使零部件生产一体化成形,大量减少构成产品的零部件数量,既缩短了装配时间,节约了人力成本,又减少了采购及运输成本。

(5)可减少材料浪费,提高材料利用率。与传统的金属制造技术相比,3D 打印技术由于采用的是增材制造方法,制造产品时废弃物较少。而传统加工方法属于减材制造,材料利用率低。

(6)节能环保,符合产业发展的方向。由于加工方法的优势,因此 3D 打印技术在生产制造过程中产生的废气、废液等有害物质及所需能耗明显低于传统加工设备。

1.5.2 3D 打印技术存在的不足

(1)在精度方面:由于 3D 打印技术采用的是分层制造的方法,其成品存在"台阶效应",即虽然每个层很薄,但在一定的微观尺度下,仍会形成有一定厚度的一级级"台阶",因此,如果需要制造的对象表面是圆弧形,就会造成精度上的偏差,特别是对细长形物体(如管路以及薄壁体金属构件)和对精度要求很高的产品或零件则需要后续进行打磨及精加工。

(2)在材料性能方面:受限于其成形原理,导致其产品零部件材料性能较差,如强度、刚度、机械加工性等均不如传统加工方式。在加工过程中,3D 打印原材料因为多次反复受热,其最终成品应力非常复杂,因此有时会使大型构件容易变形。

(3)在设备及原材料成本方面:目前用于原型制造和大型结构件直接制造的工业用高端机器,其价格高昂;同时供 3D 打印机使用的廉价材料也非常有限,主要是石膏、无机粉料、光敏树脂、塑料等,而且市场最急需的金属材料价格又偏高。设备和原材料的价格居高不下在一定程度上阻碍了 3D 打印技术的应用。

（4）在打印速度方面：受限于其工作原理，目前 3D 打印速度较慢，其性能指标远不能满足大批量生产时的时间需要，批量生产的经济性不高、进度控制的难度较大。

（5）在安全和伦理问题方面：例如，随着 3D 打印技术的发展和进步，普通人在家里通过互联网下载枪械设计图并借助 3D 打印机就可以将其制造变为现实，这将给社会带来安全问题。此外，克隆人体器官的 3D 打印技术在给医学界带来无限想象力的同时，也面临着在伦理上的困惑。3D 打印技术引发的安全风险和伦理问题也会将越来越多。

3D 打印技术代表着生产模式和先进制造技术发展的一种趋势。3D 打印技术属于新一代绿色高端制造技术，与智能机器人技术、人工智能技术并称为实现数字化制造的三大关键技术，这项技术及其产业发展是全球正在兴起新一轮数字化制造浪潮的重要基础。

第 2 章
3D 打印的工艺与材料

2.1　3D 打印的工艺

　　3D 打印的工艺有很多种,国际标准组织发布的 ISO/ASTM52900:2015 中将增材制造工艺分为黏结剂喷射、定向能量沉积、材料挤出、材料喷射、粉末床熔融、薄材层叠、立体光固化等七类。目前,3D 打印的工艺以熔融沉积成形、光固化成形、选择性激光烧结、叠层实体制造、三维印刷为主。近年来,在根据它们各自的工艺特点解决不同领域中相关问题的过程中,还出现了熔融挤压成形、电子束熔丝沉积、金属激光熔融沉积等多种工艺方法。

2.1.1　熔融沉积制造(FDM)

　　熔融沉积制造(Fused Deposition Modeling,FDM)主要采用丝状的热熔性材料作为原材料,通过加热熔化,再经过一个微细喷嘴的喷头挤喷出来,根据零件的分层截面信息,按照一定的路径,在成形板或工作台上进行逐层地涂覆,当温度低于熔点后开始固化,沉积后逐层堆积形成最终的成品。该工艺由美国学者 Scott Crump 于 1988 年研制成功。

　　FDM 工艺原理如图 2-1 所示,其工作过程是:将圆形(如 $\phi1.75\text{mm}$)丝料(材料为 ABS、PLA 等),通过送丝轴连续导入热流道加热熔化后,在后续丝材的挤压所形成的压力下,从喷头底部的喷嘴(一般为 $\phi0.2\sim\phi0.6\text{mm}$)挤喷出来,接着在上位软件和打印机的控制下,打印喷头根据水平分层数据做 X 轴和 Y 轴的平面运动,材料从喷头挤出黏结到工作台面快速冷却并凝固,完成一层截面后,工作台 Z 轴方向下降一个层厚的高度(一般为 $0.1\sim0.4\text{mm}$)继续进行下一层的打印,一直重复该步骤,直至完成整个设计模型的打印为止。

　　FDM 工艺的关键是控制从喷嘴中喷出的、熔融状态下的原材料温度并使其保持在稍高于凝固点(1℃~5℃)状态。温度过高将导致出现模型变形、精度低等问题,温度过低或不稳定将会使喷头被堵住,导致打印失败。FDM 工艺的优点主要是:①热熔挤压头系统构造原理和操作简单,维护成本低,系统运行安全;②成形速度快,制造和使用成本低,价格优势明显;③模型的复杂程度对打印过程影响小,常用于成形具有很复杂的内腔、孔等零件;④在成形过程中无化学变化,制件的翘曲变形小;⑤原材料利用率高,且材料寿命长;⑥支撑去除简单,分离容易。FDM 工艺的缺点主要有:①成形件的表面有较明显的条纹,整体精度较低;②沿成形 Z 轴方向的强度比较弱,不适合打印大型物品;③受材料和工艺限制,打印物品的强度低。

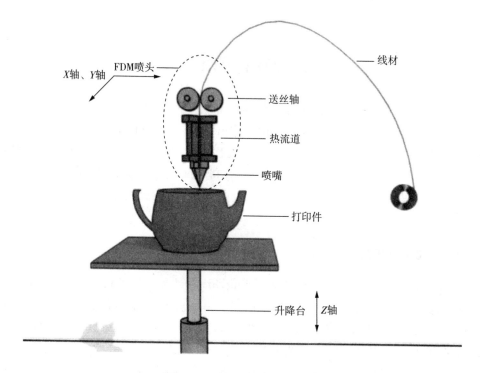

图 2-1 FDM 工作原理示意图

FDM 工艺设备维护方便,成形材料广泛,自动化程度高且占地面积小,目前被广泛应用于产品开发、快速模具制作、医疗器械的设计开发及人体器官的原型制作,是目前市场最普及的 3D 打印机。国内外学者针对熔融沉积快速成形设备、材料、工艺以及数值模拟等方面开展了一系列研究并取得了阶段性成果。高端工业型 FDM 设备较大众型 FDM 设备具有更高的成形效率和成形精度,其制造的零件尺寸也较大,可以直接制造较大尺寸、较高精度的原型。图 2-2 所示为基于 FDM 工艺的桌面 3D 打印机及其打印的零件。

图 2-2　FDM 工艺的 3D 打印机及其打印的部分零件

2.1.2　光固化成形技术(SLA)

光固化成形技术(Stereo Lithography Apparatus,SLA)以光敏树脂为原材料,通过计算机控制紫外激光发射装置逐层凝固成形。该技术最早由美国麻省理工学院的 Charles Hull 在 1986 年研究成功,美国 3DSystem 公司于 1988 年推出第一台商业设备 SLA250。该技术是出现最早、技术最成熟和应用最广泛的增材制造技术。

SLA 的工作原理如图 2-3 所示。

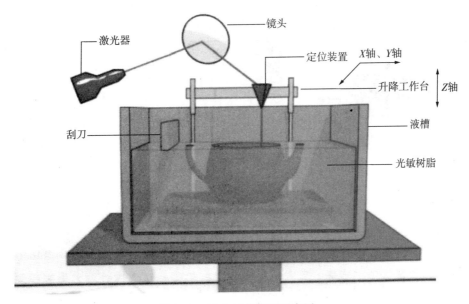

图 2-3　SLA 工作原理示意图

SLA 工作过程是：首先是工作平台在液面下的一个确定的深度开始成形，计算机控制激光器发出的激光束聚焦后所形成的光斑在液面上按轨迹指令逐点扫描，光斑打到的地方，液态光敏树脂产生固化，未被照射的地方仍是液态树脂；当一层扫描完成后，升降台带动平台下降一个层厚高度（一般为 0.05～0.4mm），已成形的层面上又布满液态的树脂，刮平器将黏度较大的树脂液面刮平，经激光聚焦扫描后固化出新的一层，新固化的一层牢固地黏在前一层上，使加工的零件增加了一个层厚的高度，如此又继续做下一层；往复循环；所有层成形完毕后，升降台上升至液体表面，零件完成固化过程。将原型从树脂中取出再次进行固化后处理，通过强光、电镀、喷漆或着色等处理得到需要的最终产品。

SLA 工艺的成形过程自动化程度高，零件尺寸精度高，表面质量优良，原材料利用率高，可以制作结构十分复杂的模型；但其设备运转及维护成本较高，可使用的材料种类较少，液态树脂具有一定的气味且需要避光保护，液态树脂固化后的性能尚不如常用的工业塑料，一般较脆，易断裂，不利于进行机械加工。

光固化成形技术是目前制造精度最高和表面粗糙度最小的增材制造技术，其设备的市场占有量约 40%。光固化快速成形技术的主要进展体现在精度提高和使用材料范围扩大等方面。低成本 LED 光源和面成形技术应用到成形技术中，推动光固化成形技术向着低成本和高精度方向发展。陶瓷浆料光固化成形是光固化成形技术发展的新方向，为复杂结构陶瓷零件的快速制造提供了新方法。近年来，在微机电领域出现了微光固化快速成形工艺，这是在传统的 SLA 技术方法的基础上，开发出的面向微机械结构制作的快速成形工艺。图 2-4 所示的是光固化 3D 打印机及其打印的部分零件。

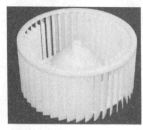

图 2-4　光固化 3D 打印机及其打印的部分零件

2.1.3　分层实体制造(LOM)

分层实体制造(Laminated Object Manufacturing,LOM)以背面涂覆热熔胶的箔材(如纸、金属箔、塑料膜)作为原料,由激光进行逐层切割后,依次黏合成形。其设备最初由美国 Helisys 公司的 Michael Feygin 于 1986 年研制成功。

LOM 的工作原理如图 2-5 所示。

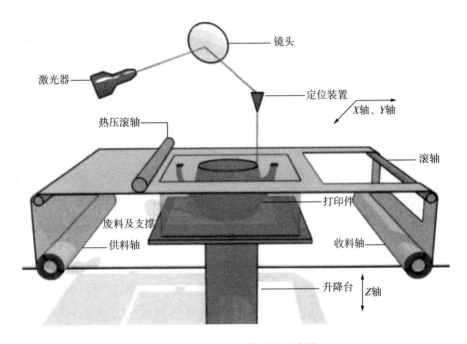

图 2-5　LOM 工作原理示意图

LOM 工作过程是:在箔材(如纸、金属箔、塑料膜)表面事先涂覆上一层热熔胶,通过热压辊的热压熔化热熔胶,使当前层与已成形的工件黏接;用计算机控制 CO_2 激光器在刚黏接的新层上切割出零件截面轮廓、工件外框,随后工作台下降,将工件与箔材分离;供料机构驱动收料轴和供料轴,将已加工料带移出加工区域,使待加工料带移到加工区域;将工作台上升至加工平面,重复上述步骤,完成新的一层,如此反复直至零件的所有截面切割、黏接完;最后,去除切碎的多余部分,得到分层制造的实体零件。

LOM 工艺只需用激光束将零件轮廓切割出来,无须打印整个切面,成形速度快,易于加工内部结构简单的大型零部件;工艺过程中不存在材料相变,制成件有良好的机械性能,不易引起翘曲变形;工件外框与截面轮廓之间的多余材料在加工中起到了支撑作用,所以 LOM 工艺无须加支撑。LOM 工艺的缺点主要是可用材料范围窄,材料浪费较严重,每层厚度不可调整,难以直接加工精细和多曲面的零件。图 2-6 所示为采用 LOM 工艺打印的汽车灯模型。

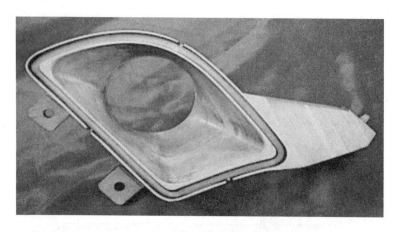

图 2-6 采用 LOM 工艺打印的汽车灯模型

2.1.4 选择性激光烧结(SLS)

选择性激光烧结(Selective Laser Sintering,SLS)是利用粉末材料在激光照射下高温烧结的基本原理进行成形制造。其成形过程中激光将粉末材料部分熔化,粉末颗粒保留其固相形态,并通过后续的液相凝固、固相颗粒重排黏结来实现粉末致密化。该技术由美国得克萨斯大学的 C. R. Deckard 于 1989 年研究成功,1992 年 DTM 公司发布了第一台基于 SLS 的商业成形机。

SLS 系统由激光器、扫描系统、铺粉滚筒、粉末床和粉末输送系统等组成,原理如图 2-7所示,其工作过程是:烧结前,将金属粉末预热到低于烧结点某一温度后,一侧的供粉缸上升至给定量,用铺粉滚筒将粉末均匀地铺在粉末床上表面(烧结件的上表面);烧结时,激光器在计算机的控制下按照该层的截面轮廓在粉层上照射,使被照射区的粉末温度升至熔化点之上,并与已成形部分实现黏结,未被烧结的粉末作为支撑,一层烧结完成后,粉末床下移一个分层厚度,供粉缸上移,铺粉滚筒重新铺粉,激光束进行下一个分层的烧结,如此循环往复,逐层堆叠,直至三维实体零件烧结完成;烧结后,待零件充分冷却后取出,再进行打磨、烘干等处理,得到最终产品。

SLS 工艺比较成熟,其最大特点是可以直接制造复杂结构的高熔点金属制品,产品的强度远高于其他快速成形产品,可以选用金属或非金属粉末材料种类较多,无须涉及支撑结构(未烧结的粉末直接支撑),材料利用率高,整体精度可达 0.05~0.25mm。SLS 工艺的缺点主要是大功率激光器以及配套的控制部件使用和维护成本高,零件质量容易受到粉末的影响,表面粗糙度较大,目前 SLS 工艺主要应用在高端制造领域。

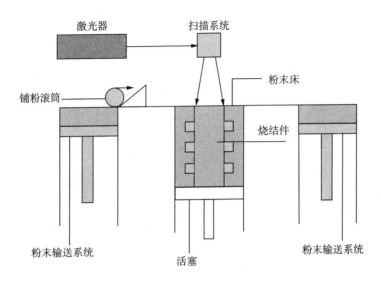

图 2 - 7   SLS 工作原理示意图

SLS 技术在金属零件制造中占有重要地位,它的应用范围十分广泛,包括机械制造、航空航天、建筑桥梁、海洋、医学等领域,例如制造不锈钢(316L)内腔镜、镍合金(IN625/IN718)高温涡轮部件、钛合金(Ti64)医疗植入器件和铝合金(AlSi10Mg)赛车零件等。

2.1.5 激光选区熔化(SLM)

激光选区熔化(Selective Laser Melting,SLM)技术过程与 SLS 基本相同,使用的材料多为不同金属组成的混合物,各组分在烧结过程中相互补偿。20 世纪 90 年代,德国 Fraunhofer 研究所提出了利用激光选区熔化(SLM)打印金属材料的方法,并在 2002 年研究成功。随后多家公司推出了 SLM 设备,如 MCP 公司开发的 MCP Realizer 系统、EOS 公司开发的 EOSINT M 系列、RENISHAW 公司开发的 AM250 系统等。

SLM 的工作原理如图 2 - 8 所示。其工作过程是:水平刮板首先把薄薄(厚度 < $100\mu m$)的一层金属超细粉末(粒径 $30\mu m$ 左右)均匀地铺在基板上,高能量激光束(如 50W 以上功率的光纤激光器)按照三维数模的当前层数据信息选择性地熔化基板上的粉末,成形出零件当前层的形状,然后水平刮板在已加工好的层面上再铺一层金属粉末,高能束激光按照数模的下一层数据信息进行选择熔化,如此往复循环直至整个零件完成制造。

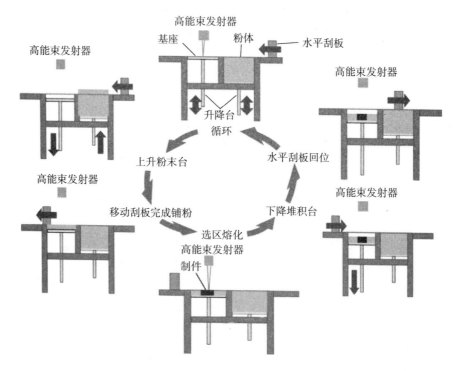

图 2-8 SLM 基本原理示意图

SLM 技术具有精度高(可达 0.1mm)、表面质量优异(粗糙度 R_a 可达 30～50μm)等特点,制造的零件只需进行简单的喷砂或抛光即可直接使用。由于材料及切削加工的节省,其制造成本可降低 20%～40%,生产周期可缩短 80%。激光扫描速度非常快,通常为 200～1000mm/s,激光与粉末作用时间非常短,快速凝固条件产生的细小晶粒赋予 SLM 金属零件优异的宏观力学性能。球化问题是 SLM 技术中普遍存在的现象,严重影响成形过程和制件性能。研究发现,扫描路径矢量方向上长度越长,内应力越大,越容易沿扫描路径矢量方向产生翘曲变形;扫描路径圆弧半径越小,角速度越大,内应力越大,越容易沿扫描路径的圆弧角矢量方向上产生(环形)翘曲变形,扫描路径之间的重合率越大,扫描路径之间的内应力越大,越容易沿扫描路径垂直方向上产生翘曲变形。SLM 零件容易出现低塑性和性能各向异性的突出问题。SLM 零件平均拉伸强度达 650MPa,优于同质锻件水平。沿竖直方向的拉伸强度较沿成形面高 6.8%,延伸率高 68.5%。理论分析和试验结果均证明熔池边界是较晶界性能更低的性能弱区,其空间拓扑是造成 SLM 零件低塑性和性能各向异性的重要原因。基于以上基础研究,使用 SLM 技术直接成形的复杂高性能金属零件,综合性能与锻件相当。通用电气公司在其 Leap 发动机中使用精密激光选区熔化成形技术制造了燃油喷嘴,以取代传统的由 20 个单独部分通过焊接或组装而成的燃油喷嘴,新零件的重量减轻了 25%。美国航天局采用精密激光选区熔化成形技术制造了 15.62cm 的火箭发动机微型喷射器,此前测试的同类喷射器由 115 个零件组成,而该喷射器仅由两个零件组成,成本减少了 70% 以上,并且极大缩短了开发时间,测试表明该喷射器工作正常。图 2-9 所示为航空航天领域采用激光选区熔化成形技术制造的零部件。

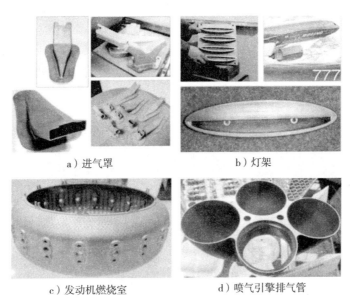

a)进气罩   b)灯架

c)发动机燃烧室   d)喷气引擎排气管

图 2-9 采用 SLM 制造的零部件

2.1.6 三维印刷(3-DP)

三维印刷(Three-Dimensional Printing,3-DP)是利用粉末材料,使用喷嘴将黏合剂喷在需要成形的区域,让材料粉末黏结形成局部截面,层层叠加黏合成形。该技术是由美国麻省理工学院 Emanuel M. Sachs 等人研制的,并于 1989 年申请了美国专利,该专利是非成形材料微滴喷射成形范畴的核心专利之一。

3-DP 工艺原理与 SLS 工艺相比较,均采用粉末材料成形,所不同的是 SLS 通过材料粉末烧结连接起来,而 3-DP 是通过喷头用黏结剂将零件的截面"印刷"在材料粉末上面,从工作方式上看,该工艺与传统的二维喷墨打印机最接近。3-DP 工艺原理如图 2-10 所示。其工作过程是:首先在托台上平铺一层所需的粉状材料,在计算机控制下,印刷喷嘴按运动轨迹喷出连续的黏性聚合物,喷印到粉状材料上将其黏接硬化,未被喷射黏结剂的地方为干粉,在成形过程中起支撑作用;上一层黏结完毕后,成形缸下降一个层厚的距离,供粉缸上升一高度,推出若干粉末,粉末被铺粉辊推到成形缸,铺平并被压实,喷头在计算机控制下,按下一建造截面的成形数据有选择地喷射黏结剂建造层面,铺粉辊铺粉时多余的粉末被集粉装置收集。如此周而复始地送粉、铺粉和喷射黏结剂,最终完成一个通过黏合剂黏结的三维粉末体,将其进行后期处理便得到成形件。

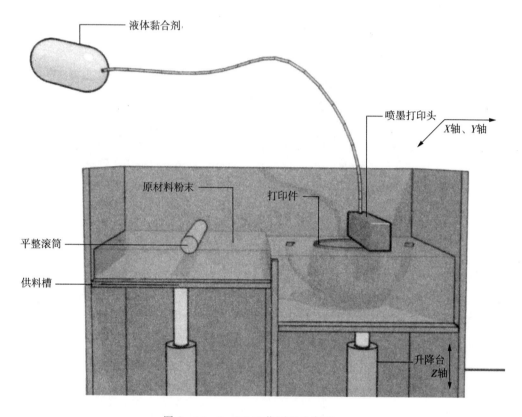

图 2 - 10　3 - DP 工艺原理示意图

　　3 - DP 工艺制造的零件是由粉末和胶水组成的,可用于制造复杂零件、复合材料或非均匀材料,成形速度快,适合制造小批量零件。该技术的优势在于可以给打印头配上"墨盒",用于打印全彩色模型;其缺点是零件的精度和表面粗糙度差,黏结剂黏接的零件强度较低,零件易变形甚至出现裂纹。

2.1.7　电子束熔化成形(EBM)

　　电子束熔化成形(Electron Beam Melting,EBM)是在真空环境中,采用高能高速的电子束选择性地熔化金属粉末层或金属丝,熔化成形,层层堆积直至形成整个实体金属零件。EBM 的基本原理(如图 2 - 11a 所示):加热的钨丝发射高速电子,然后由两个磁场控

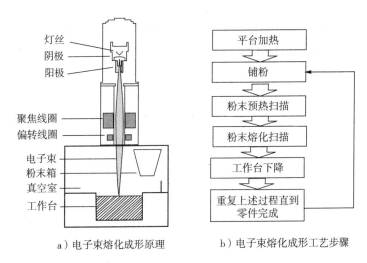

a）电子束熔化成形原理　　　　b）电子束熔化成形工艺步骤

图 2-11　EBM 工艺原理与工艺步骤

制,即聚焦线圈和偏转线圈。聚焦线圈作为磁性透镜,将光束聚焦到所需直径至 0.1mm,而偏转线圈使聚焦光束在所需点偏转以扫描金属粉末。当电子高速撞击金属粉末时,它的动能转化为热能,熔化金属粉末。EBM 的工艺步骤(如图 2-11b 所示):先将平台加热到一定温度后,按预设厚度均匀地将金属粉末铺在平台上,每个粉末层扫描分为预热和熔化两个阶段。在预热阶段,通过使用高扫描速度的高电子束多次预热粉末层(预热温度高达 $0.4T_m \sim 0.6T_m$);熔化阶段,使用低扫描速度的低电子束来熔化金属粉末。当一层扫描完成后,台面下降,重新铺放金属粉末层,重复该过程直到形成所需的金属部件。EBM 整个工艺在 $10^2 \sim 10^3 Pa$ 的高真空下进行。EBM 工艺类似于 SLM,主要不同之处是熔化粉末层的能量源使用电子束代替激光。EBM 技术具有成形速度快、无反射、能量利用率高、在真空中加工无污染以及可加工传统工艺所不能加工的难熔、难加工材料等优点。EBM 技术的缺点:需要专用的设备和真空系统,成本昂贵;打印零件尺寸有限;在成形过程中会产生很强的 X 射线,需要采取有效的保护措施,防止其因泄露而对实验人员和环境造成伤害。

2.2　3D 打印的材料

　　材料是 3D 打印的物质基础,3D 打印工艺对材料的要求是有利于快速、精确地加工原型零件,同时可尽量满足产品对其强度、刚度以及耐潮湿、热稳定等性能要求,还要有利于产品的后续处理工艺。由于 3D 打印件应用的目标不同,所以对 3D 打印材料的要求也不同。例如,概念型对材料成形精度和物理化学特性要求不高,主要追求成形速度;测试型对材料成形后的精度、强度、刚度、耐温性、抗蚀性等性能都有一定要求;模具型要求材料适应具体模具制造要求,材料易于去除;功能零件要求材料具有较好的力学性能和化学性能。常用的 3D 打印材料可分为高分子材料、金属材料和无机非金属材料三大类,按照形态可以分为液态材料和固态材料(丝状、薄片、粉末状等)。

3D 打印的材料与 3D 打印工艺是相辅相成的,不同的 3D 打印工艺适用不同的材料,表 2-1 所列为常用 3D 打印工艺与适用材料的对照表。目前对 3D 打印材料的研究主要包括:①开发满足不同用途要求、性能优异、节能环保的 3D 打印材料,例如工程塑料、光敏树脂、橡胶类材料、金属材料、陶瓷材料,还有彩色石膏材料、细胞生物原料、食品材料及其他复合材料等;②建立材料的性能数据库,对成形过程和成形性能进行模拟、分析。

表 2-1　常用 3D 打印工艺与适用材料

成形类型	成形技术	适用材料
挤压成形	熔融沉积成形(FDM)	热塑性塑料、金属、可食用材料
线状成形	电子束自由成形技术(EBF)	几乎任何合金
粒状物料成形	直接金属激光烧结(DMLS)	几乎任何合金
	电子束融化成形技术(EBM)	钛合金
	选择性激光熔融技术(SLM)	钛合金、不锈钢、铝
	选择性热烧结成形技术(SHS)	热塑性粉末
	选择性激光烧结工艺(SLS)	热塑性塑料、金属粉末、陶瓷粉末
粉末层喷头成形	三维印刷工艺(3DP)	石膏、热塑性塑料、金属与陶瓷粉末
光聚合成形	立体光固化成形工艺(SLA)	光硬化树脂
	聚合物喷射技术(PI)	光硬化树脂
	数字光处理技术(DLP)	液态树脂

2.2.1　有机高分子材料

有机高分子材料有很多优异的性能,例如可塑性强、硬度大、耐热、耐磨、耐腐蚀等,是 3D 打印技术中用量最大、应用范围最广、成形方式最多的材料,可细分为工程塑料、光敏树脂和医用高分子材料三类。

1. 工程塑料

工程塑料具有力学性能大、耐热性能以及加工性能好等优点,其使用较早、较广泛,研究成熟,是 3D 打印的主要选择材料。常见的有丙烯腈-丁二烯-苯乙烯共聚物(ABS)、聚乳酸(PLA)、聚碳酸酯(PC)等。图 2-12 所示为使用工程塑料打印的模型。

图 2-12　3D 打印的行星齿轮和车链模型

(1)ABS

ABS(Acrylonitrile Butadiene Styrene)是丙烯腈、丁二烯和苯乙烯的三元共聚物,其中 A 代表丙烯腈,B 代表丁二烯,S 代表苯乙烯。丙烯腈具有高强度性、热稳定性及化学稳定性;丁二烯具有坚韧性、抗冲击特性;苯乙烯具有易加工、高光洁性及高强度性。

ABS 结构式为:

$$+CH_2-CH-CH_2-CH=CH-CH_2-CH_2-CH+_n$$

CN

ABS 是一种用途极广的热塑性工程塑料,具有各种优良的性能:较高的力学性能(冲击强度和表面硬度较高),较好的尺寸稳定性、耐磨性、耐热性、耐低温性,电绝缘性好,抗化学药品腐蚀性也很强。ABS 比较适用于成形加工和机械加工,同其他材料的结合性好,易于表面印刷、涂层和镀层处理,如易于进行表面喷镀金属、电镀、焊接、热压和黏接等二次加工。应用范围几乎涵盖所有的日用品、工程用品和部分机械用品。ABS 材料的颜色种类很多,如象牙白、白色、黑色、深灰色、红色、蓝色、玫瑰红色等,在汽车、家电、电子消费品领域有着广泛的应用。ABS 可与多种树脂配混成共混物,如 PC/ABS、ABS/PVC、PA/ABS、PBT/ABS 分别混合能产生新性能,用于新的应用领域。例如 Stratasys 公司研发的 ABS-M30 为国际空间站打印的零件,机械性能比普通 ABS 材料提高了 67%。

（2）PLA

聚乳酸（polylactic acid，PLA）是一种新型的生物基及可生物降解材料，使用可再生的植物资源（如玉米）所提出的淀粉原料制成。淀粉原料经由糖化得到葡萄糖，再由葡萄糖及一定的菌种发酵制成高纯度的乳酸，再通过化学合成方法合成一定分子量的 PLA。PLA 塑料可以直接掩埋在土壤里由微生物完全降解，产生的二氧化碳直接进入土壤有机质或被植物吸收，不污染环境，是公认的环境友好材料。

PLA 属于一种丙交酯聚酯，其结构式为：

$$\left[O - \underset{\underset{CH_3}{|}}{CH} - \underset{\overset{O}{\|}}{C} \right]_n$$

PLA 材料因其卓越的可加工性和生物降解性能，成为目前桌面 3D 打印机使用的主流材料之一。PLA 的加工温度为 170℃～230℃，具有良好的热稳定性和抗溶剂性。PLA 熔体具有良好的触变性和可加工性，可采用多种方式进行加工，如挤压、纺丝、双轴拉伸、注射吹塑等。加工过程中无刺激性气味。由于 PLA 具有良好的热塑性、机械加工性，打印的零件强度高、韧性好，变形率小，表面光泽，色彩艳丽，在各类零件制作中使用广泛。特别是 PLA 具有优越的生物相容性，被广泛应用于生物医用材料领域，如人造骨折内固定材料、组织修复材料、人造皮肤等。新加坡南洋理工大学的 Tan. K. H 等在应用 PLA 制造组织工程支架方面，采用可降解高分子材料制造了高孔隙度的 PLA 组织工程支架，通过对该支架进行组织分析，还发现其具有生长能力。

（3）PC

聚碳酸酯（Polycarbonate，PC）是分子链中含有碳酸酯基的一类聚合物总称，是一种性能优良的热塑性工程树脂。PC 几乎具备了工程塑料的全部优良特性，具有高强度、耐高温、抗冲击、抗弯曲、收缩率低等特点，同时还具有良好的阻燃特性和抗污染性等优点。将PC 制成 3D 打印丝材强度比 ABS 材料要高 60％左右，可以作为最终零部件甚至超强工程制品的使用。PC 工程塑料的三大应用领域是玻璃装配业、汽车工业和电子电器工业；其次还用作工业机械零件、光盘、包装、计算机等办公室设备、医疗及保健、薄膜、休闲和防护器材等；另外，PC 层压板广泛用于银行、使馆、拘留所和公共场所的防护窗，用于飞机舱罩，照明设备、工业安全的挡板和防弹玻璃。

（4）PA

聚酰胺（polyamide，PA）俗称尼龙，它是大分子族链重复单元含有酰胺基团的高聚物的总称，为韧性角状半透明或乳白色结晶性树脂。PA 具有机械强度高、软化点高、摩擦系数低，耐磨损、耐油、耐弱酸、耐碱等特性；还具有电绝缘性好、无毒、无臭等特性，可用于机械行业代替金属工具使用。PA 是用于取代金属制品的轻量化的重要材料,例如各类设备所用到的涡轮、齿轮、轴承、叶轮、曲柄、仪表板、驱动轴、阀门、叶片、丝杆、高压垫圈、螺丝、螺母、密封圈,梭子、套筒、轴套连接器等,也用于各类针织品(如尼龙棉、尼龙线、尼龙布、尼龙网等)。由于 PA 的黏接性和粉末特性,可与陶瓷粉、玻璃粉、金属粉等混合,通过黏接实现陶瓷粉、玻璃粉、金属粉的低温 3D 打印。索尔维集团作为全球 PA 工程塑料的专家,将基于 PA 的工程塑料进行 3D 打印样件,用于发动机周边零件、门把手套件、刹车踏板等。

(5)EP

EP(Elasto Plastic)即弹性塑料,是 Shapeways 公司最新研制的一种新型柔软的 3D 打印材料,它能够避免用 ABS 打印的穿戴物品或可变形类产品存在的脆性问题,打印的产品却具有相当好的弹性,易于恢复形变。这种材料可用于制作如 3D 打印鞋、手机壳和 3D 打印衣物等产品,如图 2-13 所示。

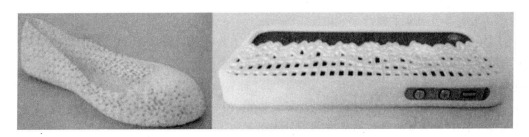

图 2-13　3D 打印 EP 材料的产品

2. 光敏树脂

光敏树脂(UV Curable Resin)也称光固化树脂,由聚合物单体与预聚体组成,其中加有光(紫外光)引发剂(或称为光敏剂),在一定波长的紫外光(250～300nm)下能立刻引起聚合反应完成固化。光敏树脂一般为液态,固化速度快、表干性能优异,可用于制作高强度、耐高温、防水的零件,成形后产品外观平滑。光敏树脂可用于打印高质量的零件,如图 2-14 所示。从分子学角度来看,光敏树脂的固化过程是从短的小分子体向长链大分子聚合体转变的过程,其分子结构发生很大变化,会发生收缩现象,通常其体收缩率约为 10%,线收缩率约为 3%。树脂材料需要避光存储,材料有刺激性气味,需要通风的工作环境。常见的光敏树脂有 Vantico 公司的 SL 系列,3D Systems 公司的 ACCURA 系列,Ciba 公司生产的 Cibatool SL 系列,DSM(杜邦)公司生产的 SOMOS 系列产品。

将 SLA 光固化树脂作为载体,通过加入纳米陶瓷粉末、短纤维等,可改变材料强度、耐热性能等,从而改变其用途。例如,美国 Tethon3D 公司所推出的 Porcelite 材料,是陶瓷材料与光敏树脂结合的复合材料,在 SLA 打印机中通过 UV 光固化工艺成形,然后放进窑炉里通过高温煅烧变成 100%的瓷器,成品不仅具有瓷器所特有的表面光泽度,而且还保持着光固化 3D 打印所赋予的高分辨率细节。

a)消失模模芯   b)汽车面罩原型

图 2-14　3D 打印光敏树脂材料的产品

3. 生物医用高分子材料

3D 打印技术在生物医用领域已成功运用高分子材料制得细胞、组织、器官以及个性化组织支架等模型。骨组织、软骨组织、神经组织、个性化的人工器官等都是属于生物材料支架。这些被短期或是长期植入人体中的材料要有优良的生物相容性和降解性;其次有一定的孔隙率,具备较好的机械强度、弹性模量等,目前常用于 SLA 技术制备生物可降解支架材料的高分子原料包括光敏分子修饰的聚富马酸二羟丙酯(PPF)、脂肪族聚酯[如聚 D,L-丙交酯(PDLA)、聚 ε-己内酯(PCL)]、聚碳酸酯,以及蛋白质、多糖等天然高分子。可生物降解水凝胶是一种带有亲水基团的三维聚合物,以水为介质,在亲水基团的作用下能大量吸水膨胀却能够维持良好的外观表面,其力学性质与人体软组织类似,较多用于医疗领域中药物的可控释放和构建组织工程支架里。

2011 年,我国成功完成了国际上第一例结合 3D 打印技术用来修复颌面的生物材料。Vacanti 等利用组织工程方法将聚丙交酯、聚羟基乙酸作为软骨细胞体外培养基质材料,首次成功获得新生软骨。其中,所培养出材料的孔隙率达到了 90%,说明这对于细胞的黏附和生长是更有益的,有助于运输有益的物质和排泄有害的产物。美国康奈尔大学研究人员通过 3D 生物打印技术用牛耳细胞制备出了人造耳朵,这种人工器官能移植到患有先天畸形儿童的身体中。德国的 Gunter Tovar 通过 3D 生物打印技术成功地制作出了接近于人类的直径极其细小的血管,最突出的特点就是它的功能也与人体自身血管相似。尤尼科技公司通过自主研发的 3D 打印机,用 PCL 材料成功打印出组织工程胆管材料,通过材料梯度和打印结构梯度的调整,并调节材料配比和打印参数,打印出具有一定强度的不同尺寸的软管材料,如图 2-15 所示。

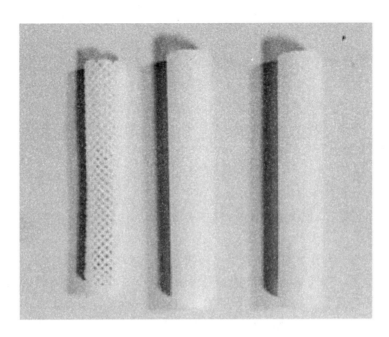

图 2-15　PCL 材料制作的组织工程胆管材料

常用高分子材料优点和缺点的比较见表 2-2 所列。

表 2-2　常用高分子材料优点和缺点的分析

材料种类	优 点	缺 点
ABS	染色性好,强度高,韧性好,易加工	热变形温度较低,尺寸精度误差大
PLA	资源可再生,环境友好,热稳定性好,延展度高,拉伸强度高	拉伸强度低,尺寸精度误差大
PA	力学性能好,耐磨性好,拉伸强度高	加工性能较差,尺寸精度误差大
UV 树脂	固化速率高,韧性好,强度较低,加工性好	很大的翘曲变形,尺寸精度误差大
水凝胶	生物吸附性好,力学性质与人体软组织相似	价格昂贵,适用领域窄

2.2.2 金属材料

近年来,金属材料的 3D 打印技术发展迅速,金属及其合金所具有的优良强度、良好的抗氧化和抗热腐蚀性、良好的疲劳性能和断裂韧性等综合性能,使其成为高端制造领域应用的主要材料。3D 打印所使用的金属粉末材料一般要求纯净度高、球形度好、粒径分布窄、氧含量低,主要有钛合金、钴铬合金、不锈钢和铝合金材料等,此外还有用于打印首饰用的金、银等贵金属粉末材料。

不锈钢以其耐空气、蒸汽、水等弱腐蚀介质和耐酸、碱、盐等化学侵蚀性腐蚀介质而得到广泛应用。不锈钢粉末是最廉价的金属 3D 打印材料,打印的零件具有较高的强度,可以打印较大尺寸的物品,但是表面略显粗糙,常用于功能构件。

钛及钛合金具有耐高温、耐腐蚀、高强度、低密度以及生物相容性等优点,在航空航天、化工、核工业以及制作运动器材和医疗器械等领域得到了广泛的应用。美国 Ultramet 公司采用金属有机化学气相沉积法(MOCVD)制备 Re - Ti 合金的复合喷管已经成功应用于航空发动机燃烧室,工作温度可达 2200℃。Ni - Ti 合金是常用的一种形状记忆合金,日本京都大学通过 3D 打印技术给 4 位颈椎间盘突出患者制作出不同的 Ni - Ti 合金人造骨并成功移植。图 2 - 16 所示为 AeroMet 公司为波音公司制作的 F/A - 18E/F 飞机激光快速成形 Ti6A14V 钛合金推力梁试验件。

铝合金具有优良的物理、化学和力学性能,在制造业的轻量化需求中得到了大量应用,但是铝合金自身的特性(如易氧化、高反射性和导热性等)增加了选择性激光熔化制造的难度。

镁合金作为最轻的结构合金,由于其特殊的高强度和阻尼性能,在诸多应用领域具有替代钢和铝合金的可能。例如镁合金在汽车以及航空器组件方面的轻量化应用,可降低燃料使用量和废气排放;镁合金具有原位降解性并且其杨氏模量低,强度接近人骨,还具有优异的生物相容性,因此在外科植入方面比传统合金更有应用前景。

高温合金是指以铁、镍、钴为基,能在 600℃ 以上的高温及一定应力环境下长期使用的一类金属材料,并具有较高的高温强度,良好的抗热腐蚀和抗氧化性能以及良好的塑性和韧性。高温合金主要用于高性能发动机,如美国国家航空航天局在 2014 年 8 月 22 日进行的高温点火试验中,采用高温合金材料通过 3D 打印技术制造的火箭发动机喷嘴产生了创纪录的 9t 推力;2015 年 GE 公司设计生产的 GE90 发动机则加装了钴-铬合金粉末且以激光烧结的方式 3D 打印的 T25 传感器外壳(如图 2 - 17 所示)。钴铬合金具有良好的生物相容性,安全可靠且价格便宜,由其制备而成的烤瓷牙已成为非贵金属烤瓷牙的首选。

图 2-16　Ti6A14V 钛合金推力梁试验件　　　图 2-17　T25 传感器壳体

稀有金属的 3D 打印产品在时尚界的影响力越来越大,各地的珠宝设计师将 3D 打印替代其他制造方式来开展创意设计,如图 2-18 所示,常用的材料为金、银等。

图 2-18　3D 打印的叶形金戒指、菌丝银戒指、黄铜戒指

2.2.3　无机非金属材料

以陶瓷材料为代表的非金属材料,具有高强度、高硬度、耐高温、低密度、化学稳定性好、耐腐蚀等优良特性,在航空航天、汽车、生物等行业有着广泛的应用。利用 3D 打印技术研究的陶瓷材料包括氧化锆、氧化铝、磷酸三钙、碳化硅、碳硅化钛、陶瓷前驱体等,成形的方法有多种:①喷墨打印技术(Ink-jet printing,IJP)原理简单,打印头成本低,易产业化,但是墨水配制要求粉末粒径均匀,不发生凝聚,流动性好,高温化学性能稳定,但喷墨打印头易堵塞,墨水液滴大小限制打印最大高度;②3DP 技术能够大规模成形出陶瓷部件,成本较低,但黏结剂强度导致部件强度有限,难以制备机械性能优良的陶瓷部件;③SLA技术成形精度极高,可制备几何形状极其复杂的零件,得到的陶瓷件烧结后密度高,性能优异,但需设置支撑结构,后处理麻烦;④与 SLA 技术相比,DIW 技术无须紫外光和激光辐射,常温可成形,且可配制高含量均匀稳定的陶瓷悬浮液,烧结后可获得高致密化烧结体,但是水基陶瓷悬浮液稳定性差,保存周期短,有机物基陶瓷料浆稳定性高,但增

加低温排胶过程,提高了制造成本;⑤SLS 技术无须支撑就可制备复杂陶瓷零件,但因受黏结剂铺设密度限制,导致陶瓷制品密度不高;⑥LOM 成形速率高,无须设计支撑,但后处理工序烦琐,成形坯体各向机械性能差别大。在实际生产制备过程中往往需根据周期、经济成本、精度、尺寸等多方面因素来选择合适的陶瓷 3D 打印成形方法。常用陶瓷材料3D 打印成形方法相关对比分析见表 2-3 所列。

表 2-3　陶瓷材料 3D 打印成形方法比较

项目	IJP	3DP	SLA	DIW	SLS	LOM
原材料	陶瓷墨水	陶瓷粉	陶瓷树脂浆料	陶瓷悬浮液	陶瓷粉	陶瓷片
成形尺寸	小	大	大	大	大	大
成本	低	低	高	低	高	高
支撑	不需	不需	需要	需要	不需	不需
复杂性	复杂	复杂	简单	简单	复杂	复杂
二次处理	不需	不需	需要	不需	需要	不需
激光	不需	不需	需要	不需	需要	需要

3D 打印的陶瓷制品不透水、耐热温度可达 600℃,可回收、无毒,可作为理想的炊具、餐具(如杯、碗、盘子、蛋杯、杯垫等)、烛台、瓷砖、花瓶、艺术品等,如图 2-19 所示。

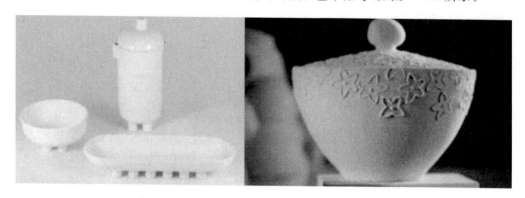

图 2-19　3D 打印的陶瓷牛奶托盘和陶瓷茶杯

第**3**章
3D打印机的组成与结构

一台完整的3D打印机由机械系统和控制系统两大部分组成,如图3-1所示。

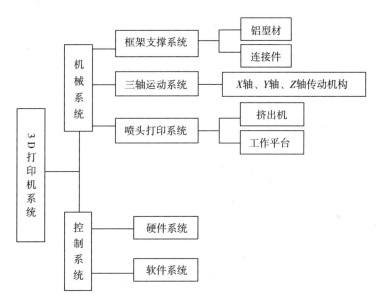

图3-1 3D打印机的基本组成

3.1 3D打印机的机械系统

采用熔融沉积制造工艺的3D打印机,其机械系统由主机身结构、传动机构、挤出机构和送丝机构等组成,如图3-2所示。

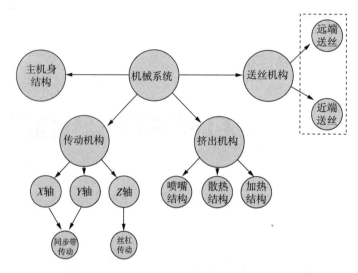

图 3-2 3D 打印机的机械系统组成

3.1.1 主机身结构

按照 3D 打印工作方式的不同,3D 打印机的主机身结构主要分为笛卡尔式、并联臂式和极坐标式三种形式,如图 3-3 所示。其中笛卡尔式按照 X、Y、Z 三个方向上运动部件(打印喷头、打印平台)的不同,分为三种主要运动方式:①打印喷头做 X 向(或 Y 向)及 Z 向运动,工作台做 Y 向(或 X 向)的运动;②打印喷头做 X 向及 Y 向的运动,工作台做 Z 向的运动;③打印喷头做 Z 向的运动,工作台做 X 向及 Y 向的运动。各种结构形式的主要特点见表 3-1 所列。

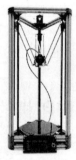

a) 笛卡尔式   b) 并联臂式   c) 极坐标式

图 3-3 3D 打印机结构形式

表 3 - 1　3D 打印机机身结构及其特点

结构形式	序号	三轴运动方式	主要特点
笛卡尔式	1	打印喷头与 X - Y 平面复合运动,工作平台做独立 Z 向移动	结构简单、紧凑,刚度好,喷头移动灵活, X - Y 平面精度高,与 CNC 机床结构类似,是目前 3D 打印机主流的结构
笛卡尔式	2	打印喷头在 X 向、工作平台在 Y 向复合运动,打印喷头在 Z 向移动	结构简单,刚度好, Y 方向独立移动,特别适合制作 Y 方向较长的零件,由于平台和喷头复合运动,因此容易产生打印件的位置移动
笛卡尔式	3	工作平台与 X - Y 平面复合运动,打印喷头做独立 Z 向移动	该结构运动空间受限,相对第一种运动形式结构,同等体积中成形的空间较小,但由于喷头在 X - Y 平面不动,因此工件成形精度较好。这个结构目前应用较少
并联臂式	4	工作平台不动,打印喷头在 X - Y - Z 平面复合运动	一般为三棱柱形,节省空间,特别适合 Z 轴大尺寸零件的制作,打印速度较快,但对挤出喷嘴的质量和可靠性提出了更高的要求
极坐标式	5	平台做旋转运动,打印头 X - Y 平面复合移动,打印头独立 Z 向运动	旋转平台持续地向一个方向旋转,利用极坐标转换的数学原理,减少了喷嘴移动的距离,节省了打印时间,并可增加打印面积;减少了喷嘴所需的机械结构的支撑,但旋转平台的切片算法较为复杂

3.1.2　传动系统

3D 打印机喷头或平台实现 $X/Y/Z$ 轴运动的传动机构为同步带传动机构或滚珠丝杠螺母传动机构以及辅助的引导、支撑结构(例如直线导轨、光轴等)。

同步带传动也称为啮合型带传动,它通过传动带内表面上等距分布的横向齿和带轮上的相应齿槽的啮合来传递速度和扭矩。同步带传动具有传动精度高,可实现位置的精确控制;耐磨性好,维护保养方便;运行过程中噪音小,寿命长等优点。步进电机带动主动带轮做旋转运动,将要进行直线运动的部件通过一个压带块与同步带固定在一起,通过同步带将旋转运动传递给直线运动部件,其原理如图 3 - 4 所示。

滚珠丝杠螺母传动也可将旋转运动转化为直线运动,具有传动效率高,定位准确、承载能力高等优点,其结构简图如图 3 - 5 所示。丝杠通过联轴器与步进电机轴相接,丝杠螺母通过连接件与需要直线滑动的组件固定,电机轴转动时,丝杠螺母将电机的旋转运动转换成直线运动,实现部件沿着直线导轴的直线运动。

不同的 3D 打印机采用的传动机构有所不同,有单独全部使用同步带的,有全部使用滚珠丝杠的,也有两种同步带和同步带混合使用。图 3-6 所示的 UP BOX＋的传动系统,其中 X 轴和 Y 轴采用的是同步带传动,Z 轴采用的是滚珠丝杠传动。

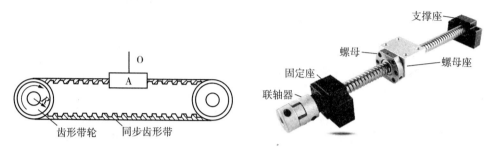

图 3-4　同步带传动机构原理图　　　图 3-5　滚珠丝杆螺母传动机构简图

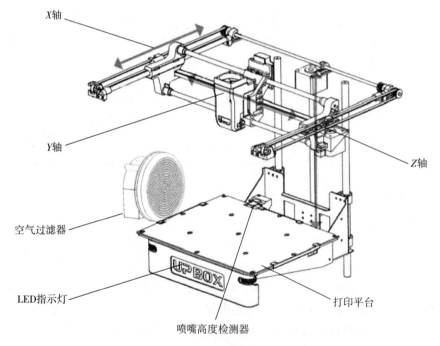

图 3-6　UP BOX＋的传动系统

3.1.3　挤出系统

3D 打印机的挤出系统是实现连续稳定成形过程的核心机构,直接影响着打印机的工作性能和加工质量。3D 打印的挤出系统的机械结构主要由喷嘴、运丝机构、加热结构、散热结构等部分组成,可以分为柱塞式挤出机构和螺旋式挤出机构两种类型(如图 3 - 7 所示)。

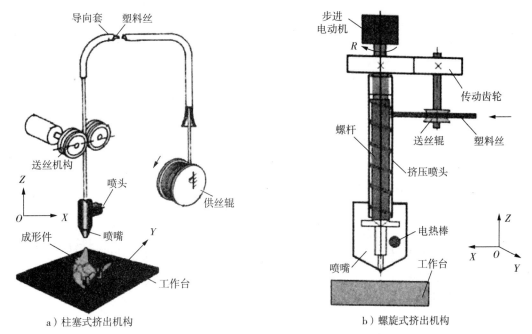

a) 柱塞式挤出机构　　　　　　　　　　b) 螺旋式挤出机构

图 3 - 7　3D 打印机挤出系统

3.2　3D 打印机的控制系统

3.2.1　硬件系统及执行元件

3D 打印机的控制系统分为主控模块、成形温度控制模块、挤出控制模块、运动控制模块、其他辅助功能控制模块、人机交互控制模块、上位机交互和通信模块等几部分组成,如图 3 - 8 所示。3D 打印机基本的控制过程是主控模块接收上位机设备(或存储设备)的程序和检测反馈的数据,经过分析和运算处理,再通过驱动模块驱动各个执行元件,实现 X轴、Y 轴、Z 轴的运动、温度的控制和材料的挤出等。

1. 主控模块

主控模块是 3D 打印机的神经中枢,其优秀的软硬件设计不仅能有效地提升打印机的性能,而且让使用者操作更加方便。例如开源系统为了满足使用者的需求,对其软硬件不断升级,现在越来越多的桌面 3D 打印机使用 Arduino2560 主控板、RAMPS1.4 扩展板和若干 4988 步进电机驱动板组成核心驱动控制系统,如 3 - 9 图所示。

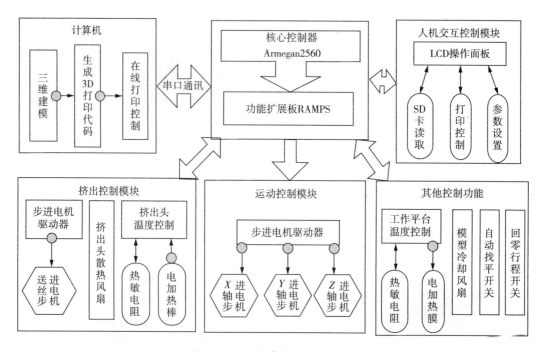

图 3-8　3D 打印机的控制系统

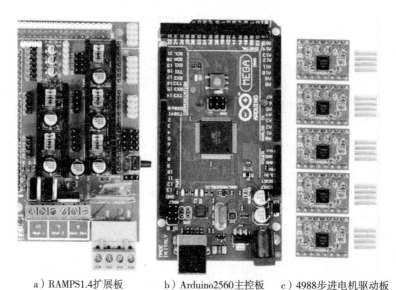

a）RAMPS1.4扩展板　　b）Arduino2560主控板　　c）4988步进电机驱动板

图 3-9　3D 打印机的主控模块

ArduinoMega2560 是采用 USB 接口的核心电路板，具有 54 路数字输入输出，适合需要大量 IO 接口的设计。处理器核心是 ATmega 2560,同时具有 54 路数字输入/输出口,16 路模拟输入,4 路 UART 接口,一个 16MHz 晶体振荡器,一个 USB 接口,一个电源插座,一个 ICSPheader 和一个复位按钮。板上有支持一个主控板的所有资源。ArduinoMega2560 也能兼容为 Arduino NUO 设计的扩展板,可以自动选择 3 种供电方式:外部直流电源通过电源插座供电;电池连接电源连接器的 GND 和 VIN 引脚;USB 接口直流供电。

RAMPS 连接强大的 Arduino MEGA 平台,并拥有充足的扩展空间。除了步进电机驱动器接口外,RAMPS 提供了大量其他应用电路的扩展接口。RAMPS 是一款更换零件非常方便,拥有强大升级能力和扩展模块化设计能力的 Arduino 的扩展板。

A4988 是一款微步电动机驱动器,带有内置转换器,易于操作。该产品可在全、半、1/4、1/8 及 1/16 步进模式时操作双极步进电动机,输出驱动性能可达 35V 及 ±2A。A4988 包括一个固定关断时间电流稳压器,该稳压器可在慢或混合衰减模式下工作。转换器是 A4988 易于实施的关键。只要在"步进"输入中输入一个脉冲,即可驱动电动机产生微步。无须进行相位顺序表、高频率控制行或复杂的界面编程。A4988 界面非常适合复杂的微处理器不可用或过载时的应用。在微步运行时,A4988 内的斩波控制可自动选择电流衰减模式(慢或混合)。在混合衰减模式下,该器件初始设置为在部分固定停机时间内快速衰减,然后在余下的停机时间慢速衰减。混合衰减电流控制方案能减少可听到的电动机噪音、增加步进精度并减少功耗;提供内部同步整流控制电路,以改善脉宽调制(PWM)操作时的功率消耗。内部电路保护包括带滞后的过热关机、欠压锁定(UVLO)及交叉电流保护,不需要特别的通电排序。A4988 采用表面安装 QFN 封装(ES),尺寸为 5mm× 5mm,标称整体封装高度为 0.90mm,并带有外露散热板以增强散热功能。

2. 温度控制模块

在 3D 打印机的控制系统中,温度的控制是核心的内容之一,主要包括温度的采集模块(温度传感器、单端加热管)和加热控制模块(喷头、热床)等,如图 3-10 所示。打印机的喷头的温度控制的好坏对打印精度有直接的影响,要控制在一定的温度范围内以保证丝材处于熔融状态,且具有较好的流动性和黏稠性。若喷头温度太低,丝材未达到熔融状态,丝材无法顺利挤出;若喷头温度过高丝材就会碳化分解,易造成喷头堵塞。在打印过程中,影响喷头的温度因素还包括:①外界环境温度。根据热传导理论,温度会从温度较高的部分沿着物体传递到温度较低的部分,同时还会伴随着对流。喷头工作时的温度 T_1 远大于相对稳定的外界环境温度 T_2,外界环境对加热喷头的影响较小,主要在冬季和夏季温差较大的情况下有些影响。②喷嘴的移动速度。在正常工作的过程中,喷嘴周围的空气与喷嘴产生的相对运动会产生热传递,打印速度越快则温度下降得越多。③喷嘴中的丝材相变。丝材在喷嘴中由固态转变为液态时会吸收一部分热量,打印机速度与单位时间内的丝材流量成正比,即打印速度越快,单位时间内丝材的流量越多,带走的热量越多,降温效果也就越明显。

在成形过程中,材料挤出喷头后,材料因为冷却产生收缩现象,前面产生的收缩缺陷将会影响后面的打印过程,导致成形零件的扭曲等,通常工业打印机用恒温箱来保证成形件的温度(PLA 材料约 60℃,ABS 材料约 100℃),可以有效地减少翘曲现象,桌面级的打印机一般采用控制在一定范围内的热床将打印的零件更好地黏附在底板上,过高或过低的温度都可能造成打印件附着不牢,出现翘边或脱落等现象。

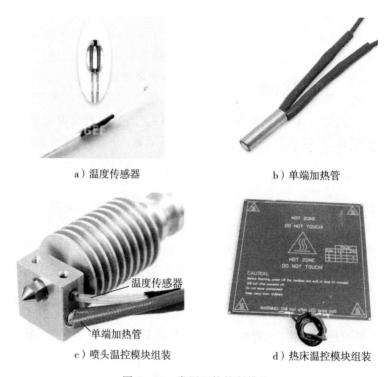

a)温度传感器   b)单端加热管

c)喷头温控模块组装   d)热床温控模块组装

图 3-10 常用温控控制模块

温度控制程序实现了加热床、挤出机的温度控制。基本的控制思路是通过定时器中断读取温度传感器上的电压模拟量,再通过微控制器内集成的 ADC 将其转换成数字量,然后根据温度转换表将数字量转换成相应的温度值,与设定的参考温度比较,最后通过 PID 控制算法进行调节,生成输出的 PWM 波来控制加热电阻的通断,从而实现温度的控制。3D 打印常用的材料为 ABS 或 PLA,这两种材料一般在其熔点附近 3℃ 内具有良好的熔化特性,因此只需要进行 PID 微调节。而若加热电阻温度大于或小于打印材料熔点 3℃,则需要通过通断加热电阻来进行大幅度的温度调节,从而有效地控制温度的偏移,提高打印件的质量。温度控制流程如图 3-11 所示。

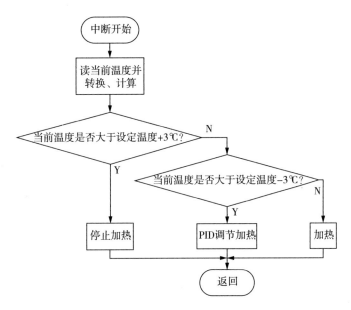

图 3 - 11　温度控制流程

3. 挤出控制模块

3D打印机挤出机的结构如图 3 - 12 所示。其挤出过程是：塑料丝(ϕ1.75mm)通过控制步进电机的驱动送丝轮被推入到加热头(一般黄铜制作)中，由喷头加热模块将丝料预热至熔融状态，打印时步进电机的转动会带动后续未熔化的丝料前进并将已熔化的丝料从喷嘴(ϕ0.2mm、ϕ0.4mm)中挤出，完成挤出过程。由此可见，3D打印机对于材料挤出控制的实质是控制步进电机对材料的挤入。挤出模块的控制，有以下三个方面的影响因素：

(1)与运动控制系统速度的匹配。运动速度快，单位时间内需挤出的材料多。

(2)挤入材料对尺寸的影响。一般丝材的直径为 1.75mm，丝材直径小会直接减少材料的挤入用量，造成单位时间内挤出的材料过少，影响打印件的尺寸，反之亦然。丝材直径过小或过大，会造成送丝轮无法将材料挤入加热模块，造成无材料可挤出，打印失败。

(3)挤出量的控制要和分层参数、喷嘴尺寸等相匹配。喷嘴的尺寸有 ϕ0.1mm、ϕ0.2mm、ϕ0.4mm、ϕ0.6mm 等几种，喷嘴直径越小，越可以精确地控制，但打印速度慢，且喷嘴容易堵塞；喷嘴直径要略大于或等于分层参数，在保证精度的同时，尽可能地加快打印速度。

3D打印喷头的热释图如 3 - 13 所示。由于热传递作用，还未被推入加热头的塑料丝会变软，从而失去向下的推力，在加热的前端(圈内所示区域为喉管区)使用 PEEK 材料(熔点334℃，软化点168℃)制作的喉管来引导丝材进入加热区，这个区域越短越好。打印头中的材料在打印头熔融状态下保持良好的流动性，而在喷嘴处应尽可能地使材料接近固化点,材料流出后可以尽快成形。为了保证精度的同时提高打印速度,可采用风扇等散热设备来辅助。

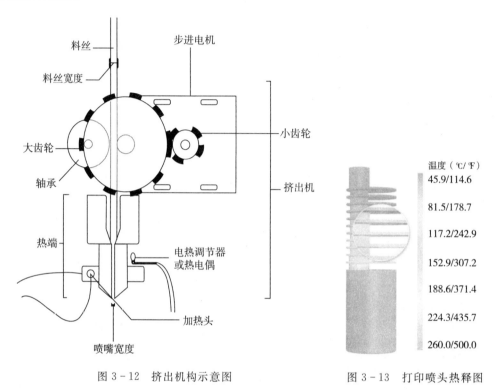

图 3-12 挤出机构示意图　　　　图 3-13 打印喷头热释图

4. 运动控制模块

3D 打印机 X 轴、Y 轴、Z 轴的移动无论是同步带传动还是丝杠传动或是其他方式传动,其运动的控制都是通过步进电机来实现的。运动控制系统主要包括控制器、功率放大器和步进电机等。步进电机在接通电源后会将电脉冲信号转变为角位移物理量,该角位移按照设定的方向和角度转动,每通过一个周期的电脉冲信号则旋转一个角度,从而带动物体旋转,所以转动的角位移量可以通过控制电脉冲的个数来实现控制,达到精确定位的目的,同时控制电脉冲信号的频率还能控制电机的转速。图 3-14 所示为步进电机控制系统示意图。

步进电机在工作过程中会产生振动和噪声,而振动会影响打印机打印成品的精度,为了减少工作过程中产生的振动,采用减小步进电机的步距角的方法,对步进电机的步距角进行细分。例如在未进行细分时,42 步进电机的步距角为 1.8°,步进电机旋转一周所需要的脉冲个数为 360°/1.8°=200 个;进行 16 细分后,42 步进电机的步距角为 1.8°/16=

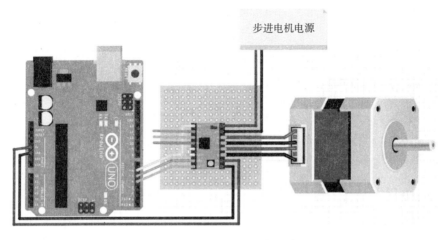

图 3-14   步进电机控制系统

$0.1125°$,步进电机旋转一周所需的脉冲个数为 $360°/0.1125°=3200$ 个。通过细分驱动,使得步进电机大大减少低速震动,运行效果变得更加光滑,并提高步进电机的分辨率,实现精准控制。

5. 其他控制功能模块

3D 打印机的控制功能模块还包括机床回参考点控制、三个方向的限位控制(最大和最小)、液晶显示以及外部接口(USB、SD 卡)等模块。

随着 3D 打印机开发成本不断降低,不少厂商将各种控制硬件模块进行集成(如图 3-15 所示),推出了产品化的控制系统,供创客们选用或让其自主搭建 3D 打印机,因此加速了 3D 打印机新产品的开发和推广应用。

3D 打印机主要硬件系统及执行元件的连接方式如图 3-16 所示。

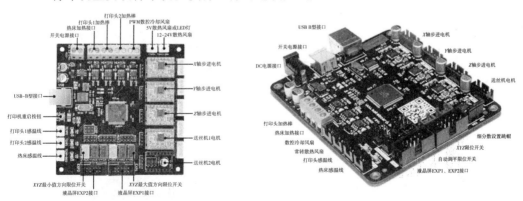

图 3-15   3D 打印机硬件集成控制模块

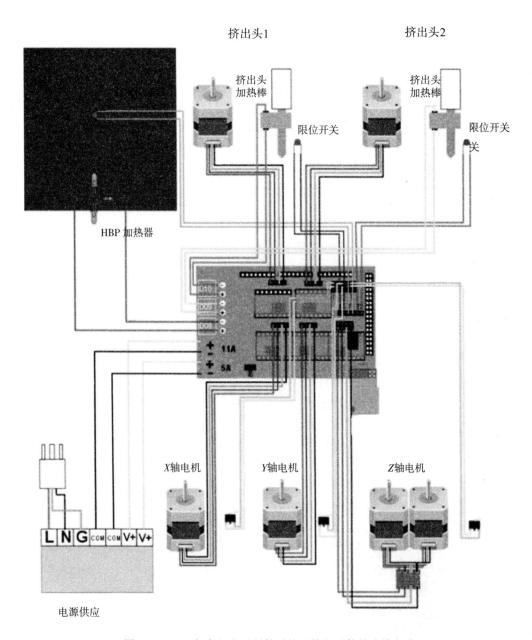

挤出头1　　　　　　挤出头2

挤出头加热棒

限位开关

挤出头加热棒

限位开关关

HBP 加热器

X轴电机　　Y轴电机　　Z轴电机

L N G COM COM V+ V+

电源供应

图 3-16　3D 打印机主要硬件系统及执行元件的连接方式

3.2.2　软件系统

3D 打印软件控制系统主要由打印控制计算机、应用软件、底层控制软件和接口驱动单元等四部分组成。

打印控制计算机采用上位机（高性能 PC 机）和下位机（嵌入式系统 DSP）两级控制。上位机主要用于打印数据处理与总体控制任务，主要包括模型生成打印文件、设定打印参数、生成打印程序、运动监控并实时反馈等。下位机主要进行打印运动控制，接受上位机的控制命令，执行控制命令，并将各种传感器的反馈信息进行反馈。应用软件主要包括模型的设计软件、程序编译模块、工艺规划和安全监控等。底层控制软件主要通过下位控制各电机来完成热床的升降、打印喷头的 X-Y 平面运动等。接口控制单元主要完成上位机和下位机通信和部分接口的驱动。

第4章
三维模型的构建

随着人们生活水平的提高,消费者对产品的需求呈现出向多品种、中小批量和个性化方向发展的特征,尤其是对产品的质量、产品的更新换代速度,以及对产品从设计、制造到投放市场的周期都提出了越来越高的要求。CAD/CAM 技术的出现则满足了消费者上述要求。机械 CAD/CAM 技术虽然形成于 20 世纪 60 年代,但经过 50 多年的发展,目前它可以实现零件的设计和分析、有限元分析、虚拟装配和仿真、数控加工和仿真等许多功能,且已在现代制造业中广泛应用。三维电子模型的设计是机械 CAD/CAM 技术的基础部分,同时也是三维模型打印的源头。

4.1 CAD/CAM 的基本概念和基本功能

4.1.1 基本概念

CAD/CAM 技术以计算机及周边设备和系统软件为基础,是制造工程技术与计算机技术相互结合、相互渗透而发展起来的一项综合性技术。CAD/CAM 技术的特点是将人的创造能力和计算机的高速运算能力、巨大存储能力和逻辑判断能力有机地结合起来,通过网络技术,使异地、协同、虚拟设计及实时仿真技术在 CAD/CAE/CAM 中得到了广泛应用。

CAD(计算机辅助设计)是指工程技术人员在计算机及其各种软件工具的帮助下,应用自身的知识和经验,对产品进行包括方案构思、总体设计、工程分析、图形编辑和技术文档管理等一切设计活动的总称。CAD 技术是一个在计算机环境及其相关软件的支撑下完成对产品的创造、分析和修改,以期达到预期目标的过程。

CAM(计算机辅助制造)是利用计算机来进行生产设备管理控制和操作的过程,有广义和狭义的两个概念。广义的 CAM 技术是指利用计算机技术进行产品设计和制造的全过程以及与其相关联的一切活动,它包括产品设计(造型设计、分析计算、工程绘图、结构分析、优化设计等)、工艺准备(工艺计划、工艺装备设计制造、NC 自动编程、工时和材料定额等)、生产计划、物料作业计划和物流控制(加工、装配、检验、传递和存储等),另外还有生产控制、质量控制及工程数据管理等。狭义的 CAM 技术是指从产品设计到加工制造之间的一切生产准备活动,它包括 CAPP、NC 编程、工时定额的计算、生产计划的制订、资源需求计划的制订等,狭义的 CAM 概念甚至更进一步缩小为 NC 编程的同义词,CAPP 已被作为一个专门的子系统,而工时定额的计算、生产计划的制订、资源需求计划的制订则划分给 MRPⅡ/ERP 系统来完成。

4.1.2 功能与任务

由于 CAD/CAM 系统所研究的对象和任务各有不同,故所选择的支撑软件不同,对系统的硬件配置、选型也不同。系统总体与外界进行信息传递与交换的基本功能是靠硬件提供的,而系统所能解决的具体问题是由软件保证的。

CAD/CAM 系统的基本功能主要包括:①人机交互功能——采用友好的用户界面,是保证用户直接、有效地完成复杂设计任务的基本和必要条件;②图形显示功能——从产品的构思、方案造型的确定、结构分析、加工过程的仿真、系统应保证用户实时编辑处理,在整个过程中,用户的每步操作,都能从显示器上及时得到反馈出的设计结果;③存储功能——为保证系统能够正常的运行,CAD/CAM 系统必须配置容量较大的存储设备,以支持数据在各模块运行时的正确流通;④输入输出功能——一方面用户需不断地将有关设计要求、计算步骤的具体数据等输入计算机内;另一方面通过计算机的处理,能够将系统处理的结果及时输出。

CAD/CAM 系统之主要任务是对产品设计和制造全过程的信息进行处理。这些信息主要包括数值计算、设计分析、工程绘图、几何建模、机构分析、计算分析、有限元分析、优化分析、系统动态分析、测试分析、CAPP、工程数据库的管理、数控编程、加工仿真等方面。图 4-1 所示的是 CAD/CAM 软件的部分功能。

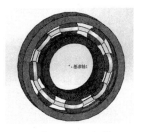

a) 零部件的设计与装配 b) 整机的装配与仿真 c) 零部件的有限元分析

图 4-1　CAD/CAM 软件部分功能

4.1.3 常用 CAD/CAM 应用软件

随着计算机软硬件的不断发展,商品化的 CAD/CAM 软件正在为广大技术人员所掌握,主要包括 Pro/E、UG、SolidWorks、Mastercam、Inventor 等。表 4-1 所示的是常用 CAD/CAM 软件的简介。

表 4-1　常用 CAD/CAM 软件简介

软件名称	软件介绍
UG	该软件是集成化的 CAD/CAE/CAM 系统,是当前国际、国内最为流行的工业设计平台。其主要模块有数控造型、数控加工、产品装配等通用模块和计算机辅助工业设计、钣金设计加工、模具设计加工、管路设计布局等专用模块。
Pro/Engineer	该软件开创了三维 CAD/CAM 参数化的先河,采用单一数据库的设计,是基于特征、全参数、全相关性的 CAD/CAE/CAM 系统。该软件包含了零件造型、产品装配、NC 加工、模具开发、钣金件设计、外形设计、逆向工程、机构模拟、应力分析等功能模块。
CATIA	该软件最早用于航空业的大型 CAD/CAE/CAM 软件,目前 60% 以上的航空业和汽车工业都使用该软件。该软件是最早实现曲面造型的软件,它开创了三维设计的新时代。目前 CATIA 系统已发展成为从产品设计、产品分析、NC 加工、装配和检验,到过程管理、虚拟动作等众多功能的大型软件。
SolidWorks	该软件具有极强的图形格式转换功能,几乎所有的 CAD/CAE/CAM 软件都可以与 SolidWorks 软件进行数据转换,美中不足的是其数控加工功能不够强大(可以采用 SolidCAM)。该软件具有产品设计、产品造型、产品装配、钣金设计、焊接及工程图等功能。
Mastercam	该软件是基于 PC 平台集二维绘图、三维曲面设计、体素拼合、数控编程、刀具路径模拟及真实感模拟功能于一身的 CAD/CAM 软件,该软件尤其对于复杂曲面的生成与加工具有独到的优势,但其对零件的设计、模具的设计功能相对较弱。
Cimatron	该软件是一套集成 CAD/CAE/CAM 的专业软件,它具有模具设计、三维造型、生成工程图、数控加工等功能。该软件在我国得到了广泛的使用,特别是在数控加工方面更是占有很大的比重。
CAXA 制造工程师	该软件是我国自行研制开发的全中文、面向数控铣床与加工中心的三维 CAD/CAM 软件,它既具有线框造型、曲面造型和实体造型的设计功能,又具有生成 2~5 轴的加工代码的数控加工功能,可用于加工具有复杂三维曲面的零件。

4.1.4 三维模型获得方法

3D 打印的所需的三维零件模型,其主要来源是:①CAD/CAM 软件直接参数化建模。如图 4-2 所示的是 SolidWorks 软件设计的机器人手腕外壳,其中图 4-2a 是三维模型,图 4-2b 是参数化建模过程。②三维扫描反求建模。使用三维扫描仪将产品原型扫描获得三维模型,如图 4-3 所示的是一台手持式三维扫描仪将实体模型扫描到计算机中重构三维模型。随着网络共享经济的发展,不少创客将自己设计的产品模型发布在各个平台上,供大家有偿或者无偿下载使用(如图 4-4 所示),这只是获得模型的途径发生了变化,但其本身建模方法并没有发生改变。

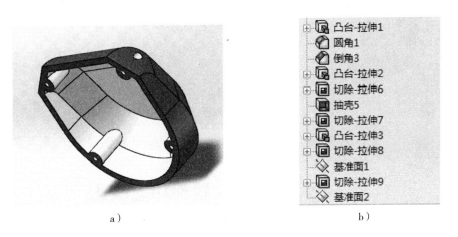

a)   b)

图 4-2　CAD/CAM 软件参数化建模

图 4-3　三维扫描反求建模

图 4-4 网上可供打印的三维模型(来源:www. zaiwoo. com)

4.2 SolidWorks 软件功能概述

SolidWorks 是一款优秀的 CAD 三维设计软件,其采用智能化的参变量式设计理念、Windows 图形化用户界面,具有强大的设计功能和分析功能,能够满足一般机械产品的设计需求,操作灵活,运行速度快,使设计过程变得简单、便捷,设计师和工程师可以更有效地为产品建模以及模拟整个工程系统,可加快产品设计与制造的生产周期,从而完成更多更有创意产品的创造。

4.2.1 软件的主要模块

在 SolidWorks 2016 中有零件、装配体和工程图三大模块。

1. 零件

SolidWorks 的"零件"模块主要用来实现实体建模、曲面建模、模具设计、钣金设计以及焊件设计等任务。

(1)实体建模

SolidWorks 提供了十分强大的、基于特征的实体建模功能来实现产品的设计,主要包括拉伸、旋转、扫描、放样、筋、孔、拔模、抽壳、阵列等特征操作。可用拖拽的方式,通过对特征和草图进行动态修改,实现对实体模型的实时修改。

(2)曲面建模

通过带控制线的拉伸曲面、旋转曲面、扫描曲面、放样曲面、边界曲面等功能进行产品设计,并可以直观地对已存在曲面进行修剪、延伸、缝合和圆角等曲面编辑操作。

(3)模具设计

SolidWorks 使用内置模具设计工具,在整个模具的生成过程中,可以使用一系列的工具加以控制,可以自动创建型芯及型腔。

(4)钣金设计

SolidWorks 提供了钣金设计技术,可以直接使用各种类型的法兰、薄片等特征,正交切除、角处理以及边线切口等使钣金操作变得非常容易。

(5)焊件设计

SolidWorks 提供了在单个零件文档中设计结构焊件和平板焊件的功能。焊件工具主要包括圆角焊缝、角撑板、顶端盖、焊件切割、结构构件库等。

2. 装配体

SolidWorks 提供了非常强大的装配功能。装配模块有如下优点:

① 支持上千个零部件组成的大型装配体,智能化装配技术可以自动地捕捉并定义装配关系。

② 在装配环境下,可以方便地修改零部件,实时生效。

③ 可以动态地观察整个装配体中的所有运动,并且可以对运动的零部件进行动态的干涉检查及间隙检测。

④ 用户可以通过镜像零部件,由现有的对称设计创建出新的零部件及装配体。

⑤ 使用智能零件技术可以自动完成重复的装配设计。

3. 工程图

SolidWorks 的"工程图"模块有以下优点:

① 可以从零件的三维模型中自动生成工程图,包括各个视图及尺寸的标注等。

② 提供了生成完整的、生产过程认可的详细工程图工具。工程图是完全相关的,当用户修改图样时,零件模型、所有视图及装配体都会自动被修改。

③ 使用交替位置显示视图可以方便地表现出零部件的不同位置,以便了解运动的顺序。交替位置显示视图是专门为具有运动关系的装配体所设计的、独特的工程图功能。

④ Rapid Draft 技术可以将工程图与零件模型(或装配体)脱离,进行单独操作,以加快工程图的操作,但仍保持与零件模型(或装配体)完全相关。

⑤ 增强了详细视图及剖视图的功能,包括生成剖视图、支持零部件的图层、生成二维

草图功能以及详图中的属性管理。

4.2.2 文件管理

在使用 SolidWorks 软件进行产品设计时,首先要注意文件目录的管理,使产品的各个零部件、装配体或动态仿真等文件按照既定的名称存放在同一个文件夹内,以免发生因为文件管理混乱,出现无法正确找到相关文件的情况,同时避免因文件编辑、保存、删除等操作时产生版本不一问题。对产品设计而言,一般用产品名称(或型号)或设计者姓名等信息建立用户文件夹,通常保存在非系统盘内,例如在 D 盘上建立"SolidWorks 学习"的文件夹(D:/SolidWorks 学习),养成良好的习惯对于设计者来说也是至关重要的。

1. 新建文件

在 SolidWorks 的主窗口中单击左上角的新建图标 📄,或者选择菜单栏中的"文件"|"新建"命令,即可弹出图 4 - 5 所示的"新建 SolidWorks 文件"对话框。可根据需要在零件、装配体和工程图三个模块中选择:双击零件按钮 🔧,可以生成单一的三维零部件文件;双击"装配体"按钮 🔧,可以生成零件或其他装配体的排列文件;双击 🔧"工程图"按钮,可以生成属于零件或装配体的二维工程图文件。

选择"零件"按钮 🔧,可打开一张空白的零件文件,开始全新的零件设计。

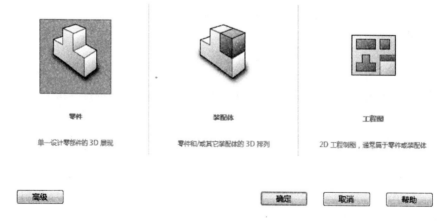

图 4 - 5 "新建 Solid Works 文件"对话框

2. 打开文件

在 SolidWorks 的主窗口中单击左上角的"打开"图标 📂,或者选择菜单栏中的"文件"|"打开"命令,即可弹出图 4 - 6 所示的"打开 Solid Works 文件"对话框,选择需要打开的文件,并可进行编辑操作,也可对文件格式进行相应转换。

图 4-6 "打开 Solid Works 文件"对话框

对于 SolidWorks 软件可以读取的文件格式以及允许的数据转换方式如图 4-7 所示,其主要文件格式和转换方式有:

SolidWorks 零件文件,扩展名为 .prt 或 .sldprt。

SolidWorks 装配体文件,扩展名为 .asm 或 .aldasm。

SolidWorks 工程图文件,扩展名为 .drw 或 .slddrw。

AutoCAD 文件格式,扩展名为 .dwg。

AutoCAD 与其他 CAD 转换文件格式,扩展名为 .dxf。

ProE/Creo 文件,扩展名为 .prt、xpr 或 .asm、xas。

UG/NX 文件,扩展名为 .prt。

Inventor 文件,扩展名为 .ipt 或 .iam。

Solid Edge 文件,扩展名为 .par 或 .asm。

CATIA 文件,扩展名为 .cgr 或 .catpart。

3. 保存文件

单击标准工具栏中的"保存"按钮 ,或者选择菜单栏中的"文件" | "保存"命令,在弹出的对话框中输入要保存

SOLIDWORKS 文件 (*.sldprt; *.sldasm; *.slddr
零件 (*.prt;*.sldprt)
装配体 (*.asm;*.sldasm)
工程图 (*.drw;*.slddrw)
DXF (*.dxf)
DWG (*.dwg)
Adobe Photoshop Files (*.psd)
Adobe Illustrator Files (*.ai)
Lib Feat Part (*.lfp;*.sldlfp)
Template (*.prtdot;*.asmdot;*.drwdot)
Parasolid (*.x_t;*.x_b;*.xmt_txt;*.xmt_bin)
IGES (*.igs;*.iges)
STEP AP203/214 (*.step;*.stp)
IFC 2x3 (*.ifc)
ACIS (*.sat)
VDAFS (*.vda)
VRML (*.wrl)
STL (*.stl)
CATIA Graphics (*.cgr)
CATIA V5 (*.catpart;*.catproduct)
SLDXML (*.sldxml)
ProE/Creo Part (*.prt,*.prt.*;*.xpr)
ProE/Creo Assembly (*.asm;*.asm.*;*.xas)
Unigraphics/NX (*.prt)
Inventor Part (*.ipt)
Inventor Assembly (*.iam)
Solid Edge Part (*.par;*.psm)
Solid Edge Assembly (*.asm)
CADKEY (*.prt;*.ckd)
Add-Ins (*.dll)

图 4-7 支持的数据格式

的文件名(格式)和路径,便可以将当前文件保存。每次点击"保存"按钮 🖫 时,更新文件至最新状态。保存数据时可选择"另存为",在弹出的对话框中输入要保存的文件名(格式)和路径,即可另外存储一份作为备份。

4.2.3　工作界面及常用工具命令

新建或打开 SolidWorks 文件即可进入 SolidWorks 工作界面(如图 4-8 所示),该工作界面包括菜单栏、工具栏、命令管理器窗、设计树、过滤器、图形区域、状态栏、前导工具栏、任务窗栏及弹出式帮助菜单等内容。

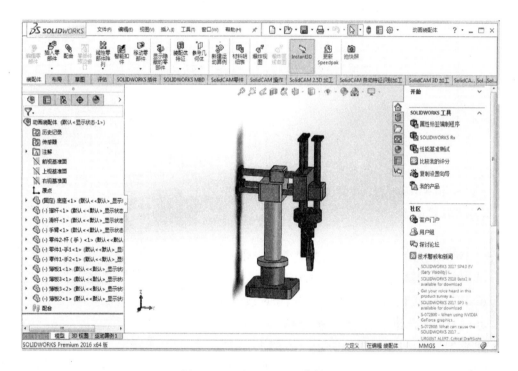

图 4-8　SolidWorks 工作界面

菜单栏包含了所有 SolidWorks 命令,工具栏可根据文件类型(零件、装配体、工程图)来调整、放置并设定其显示状态,状态栏则可以提供设计人员正执行的有关功能的信息。

SolidWorks 窗口左边的设计树提供了激活零件、装配体或工程图的大纲视图。用户通过设计树可以很方便地查看模型或装配体的构造情况,或者查看工程图中的不同图纸和视图。设计树的控制面板包括 Feature Manager(特征管理器)、Property Manager(属性管理器)、Configuration Manager(配置管理器)、DimXpert Manager(尺寸管理器)、Display

Manager(显示管理器)等,它们可以通过顶部的标签切换。

1. 标准工具栏

标准工具栏位于主窗口最上方,如图 4 - 9 所示。

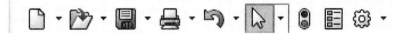

图 4 - 9　标准工具栏

各按钮含义如下。

● "新建":可打开"新建 SolidWorks 文件"对话框,从而建立一个新文件。

● "从零件/装配体制作工程图":单击可利用当前的零件或装配体制作生成工程图。

● "从零件/装配体制作装配体":单击可利用当前的零件或装配体制作生成新的装配体。

● "打开":可在"打开"对话框中,打开已有的图文件。

● "保存":可将目前编辑中的工作视图等文件保存到磁盘上。

● "打印":执行打印出图功能或打印到文件功能。

● "打印预览":可打开打印预览窗口,预览目前编辑文件的出图效果。

● "撤销":可撤销本次或者多次的操作,返回未执行该项命令前的状态。

● "选择":可进入选取像素对象的模式。

● "重建模型":可使系统依照图文数据库里最新的图文资料,更新屏幕上显示的模型文件。

● "文件属性":显示激活文档的摘要信息。

● "选项":更改 SolidWorks 选项设定。

2. 特征工具栏

特征工具栏如图 4 - 10 所示。

图 4 - 10　特征工具栏

各按钮含义如下。

● "拉伸凸台/基体":以一个或两个方向拉伸一草图或绘制的草图轮廓生成一个实体。

● "旋转凸台/基体":可将用户选取的草图轮廓图形,绕着用户指定的旋转中心轴成长形成 3D 模型。

● "扫描":可沿开环或闭合路径通过扫描闭合轮廓来生成实体模型。

● "放样凸台/基体":可在两个或多个轮廓之间添加材质来生成实体特征。

● "边界凸台/基体":以两个方向在轮廓间添加材料以生成实体特征。

● "拉伸切除":单击后,可将工作图文件里原先的 3D 模型,扣除草图轮廓图形绕着指定的旋转中心轴成长形成的 3D 模型,保留残余剩下的 3D 模型区域。

● "旋转切除":可通过绕轴心旋转绘制的轮廓来切除实体模型。

● "扫描切除":沿开环或闭合路径通过扫描轮廓来切除实体模型。

● "放样切割":在两个或多个轮廓之间通过移除材质来切除实体模型。

● "边界切除":通过以两个方向在轮廓之间移除材料来切除实体模型。

● "圆角":沿实体或曲面特征中的一条或多条边线生成圆形内部或外部面。

● "倒角":可以沿边线、一串切边或顶点生成一倾斜的边线。

● "筋":可对工作图文件里的 3D 模型,按照用户指定的断面图形加入一个筋特征。

● "抽壳":可对工作图文件里的 3D 实体模型加入平均厚度薄壳特征。

● "拔模":可对工作图文件里的 3D 模型的某个曲面或平面加入拔模倾斜面。

● "异型孔向导":可利用预先定义的剖面插入孔。

● "线性阵列":可以沿一个或两个线性路径陈列一个或多个特征。

● "圆周阵列":可以绕一轴心陈列一个或多个特征。

● "包覆":将草图轮廓闭合到面上。

● "相交":用相交工具来移除多实体当中的某些相交的部分。

● "镜像":单击可以绕面或者基准面镜像特征、面以及实体等。

● "参考几何体":单击后,弹出"参考几何体"命令组,包括基准面、基准轴、坐标系、点、质心、配合参考等,根据不同的需要进行选择,并以此为基准插入草图来编辑或修改零件图。

● "曲线":单击后,可以弹出"曲线"命令组,包括分割线、投影曲线、组合曲线、通

过 *XYZ* 点的曲线、通过参考点的曲线、螺旋线/涡状线等。

● "Instant3D"：启用拖动控标、尺寸及草图来动态修改特征。

3. 草图工具栏

草图工具栏如图 4-11 所示。

图 4-11 草图工具栏

各按钮含义如下。

● "草图绘制"：在指定的基准面上，单击该工具按钮，生成草图。

● "3D草图"：可以在工作基准面上或在 3D 空间的任意点生成 3D 草图实体。

● "智能尺寸"：为一个或多个所选实体生成尺寸。

● "直线"：依序指定线段图形的起点以及终点位置，绘制一条直线。

● "中心线"：可依序指定中心线的起点以及终点位置，绘制一条中心线。

● "矩形"：该工具栏中包括边角矩形、中心矩形、3 点边角矩形、3 点中心矩形和平行四边形等工具，根据每种工具，可绘制不同矩形。

● "圆"：该工具栏中包括圆（R）和周边圆两个工具，根据每种工具的要求，绘制一个圆。

● "圆弧"：该工具栏中包括圆心/起点/终点画弧、切线弧和三点圆弧等工具，根据每种工具的要求，绘制一个圆弧。

● "多边形"：生成边数在 3～40 的等边多边形，可在绘制多边形后更改边数。

● "样条曲线"：可依序指定曲线图形的每个"经过点"位置，可在工作图文件里生成一条不规则曲线。

● "椭圆"：该工具栏中包括椭圆、部分椭圆、抛物线和圆锥等工具组成，根据每种工具的要求，绘制相应图形。

● "绘制圆角"：在两个草图实体的交叉处剪裁掉角部，从而生成一个切线弧。

● "绘制倒角"：在 2D 或 3D 草图中将倒角应用到相邻的草图实体中，将实体倒角化。

● "点"：将鼠标指针移到屏幕绘图区里所需的位置，单击鼠标左键，即可在工作图文件里生成一个星点。

- ▥ "基准面"：可插入基准面到 3D 草图。

- Ａ "文字"：可在面、边线及草图实体上绘制文字。

- ✄ "剪裁实体"：可剪裁直线、圆弧、椭圆、圆、样条曲线或中心线，直到它与另一直线、圆弧、圆、椭圆、样条曲线或中心线的相交处。如果草图线段没有和其他草图线段相交，则整条草图线段都将被删除。

- ▣ "转换实体引用"：可将模型中的所选边线转换为草图实体。

- ⊏ "等距实体"：可通过一定距离等距面、边线、曲线或草图实体来添加草图实体。

- ₩ "镜向实体"：可将工作窗口里被选取的 2D 像素，对称于某个中心线草图图形进行镜向的操作。

- ⊞ "线性草图阵列"：使用草图实体中的单元或模型边线生成线性草图阵列。

- ✿ "圆周草图阵列"：使用草图实体中的单元或模型边线生成圆周草图阵列。

- ⊁ "移动实体"：可移动一个或多个草图实体。

- ⊥ "显示/删除几何关系"：在草图实体之间添加重合、相切、同轴、水平、竖直等几何关系，亦可删除。

- ⊏ "修复草图"：能够找出草图错误，有些情况下还可以修复这些错误。

4. 装配体工具栏

装配体工具栏，如图 4-12 所示，可用于控制零部件的管理、移动以及配合。

图 4-12 装配工具栏

各按钮含义如下。

- ☞ "插入零部件"：插入零部件或现有零件/装配体。

- ⊘ "配合"：指定装配中任两个或多个零件的配合。

- ⊞ "线性零部件阵列"：可以一个或两个方向在装配体中生成零部件线性阵列。

- ☷ "智能扣件"：自动给装配体添加扣件（螺栓和螺钉）。

- ▣ "移动零部件"：单击该按钮后，按住鼠标左键拖动来移动选中零部件沿着设定的自由度内移动。

- ⟳ "旋转零部件"：单击该按钮后，按住鼠标左键拖动来移动选中零部件在其自由度内旋转。

- ☷ "显示隐藏的零部件"：可以切换零部件的隐藏和显示状态。

● ▦"装配体特征":生成各种装配体特征,包括孔系列、拉伸切除、圆角、焊缝、皮带/链等特征工具。

● ▩"新建运动算例":新建一个装配体模型运动的图形模拟。

● ▦"材料明细表":新建一个材料明细表。

● ▨"爆炸视图":生成和编辑装配体的爆炸视图。

● ▦"干涉检查":检查装配体中是否有干涉的情况。

● ▦"间隙验证":检查装配体中所选零部件之间的间隙。

● ▦"孔对齐":检查装配体中是否存在未对齐的孔。

● ▦"装配体直观":按自定义属性直观装配体零部件。

● ▦"性能评估":分析装配体的性能,并会建议采取一些可行的操作来改进性能。当操作大型、复杂的装配体时,这种做法会很有用。

5. 尺寸/几何关系工具栏

尺寸/几何关系工具栏用于提供标注尺寸和添加及删除几何关系,如图4-13所示。

图4-13 尺寸/几何关系工具栏

各按钮含义如下。

● ⟨"智能尺寸":可以给草图实体、其他对象或是几何图形标注尺寸。

● ▦"水平尺寸":可在两点之间生成水平尺寸,水平方向以当前草图的方向来定义。

● ▯"竖直尺寸":可在两点之间生成竖直尺寸,竖直方向以当前草图的方向来定义。

● ▦"基准尺寸":属于参考尺寸,不能更改其数值或者使用其数值来驱动模型。

● ✧"尺寸链":为一组在工程图中或草图中从零坐标测量的尺寸,不能更改其数值或者使用其数值来驱动模型。

● ▦"水平尺寸链":在激活的工程图或草图上,单击该按钮,可以生成水平尺寸链。

● ▦"竖直尺寸链":单击该按钮可以在工程图或草图中单击并生成竖直尺寸链。

● ▦"角度运行尺寸":创建从零度基准测量的角度尺寸集。

● ▨"路径长度尺寸":创建路径长度尺寸。

● ⅄"倒角尺寸":在工程图中给倒角标注尺寸。

● ▯"完全定义草图":选中所需要的草图,再点击图标即可自动完全定义草图,一般不建议用这种方法。

- ⊥"添加几何关系":以几何关系控制实体的大小或位置。
- ⊥"自动几何关系":打开或关闭自动添加几何关系。
- ⊥"显示/删除几何关系":单击该按钮,系统会打开"显示/删除几何关系"设计树,列出可供用户删除 2D 草图图形已有的几何限制条件。

6. 工程图工具栏

工程图工具栏如图 4-14 所示。

图 4-14　工程图工具栏

各按钮含义如下。

- ⊛"模型视图":根据现有零件或装配体插入到工程图中。
- ⊞"投影视图":从已经存在的任何正交视图添加一投影视图。
- ⊛"辅助视图":通过一线性实体(边线、草图实体等)来展开一个新视图。
- ⊡"剖面视图":用一条剖切线来分割俯视图在工程图中生成一个剖面视图。
- ⊙"局部视图":可用来显示一个视图的某个部分(通常是以放大比例显示)。
- ⊛"相对视图":添加一个由两正交面或基准面及其各自方向所定义的相对视图。
- ⊞"标准三视图":为所显示的零件或装配体生成三个相关的默认正交视图。
- ⊠"断开的剖视图":在工程视图上绘制一轮廓,单击此按钮后可生成断开的剖视图。
- ⊠"断裂视图":可将工程图视图用较大比例显示在较小的工程图纸上。
- ⊡"剪裁视图":通过隐藏除了所定义区域之外的所有内容而集中于工程图视图的某部分。
- ⊞"交替位置视图":通过在不同位置进行显示而表示装配体零部件的运动范围。

7. 视图工具栏

视图工具栏如图 4-15 所示。

图 4-15　视图工具栏

各按钮含义如下。

- ⊙"整屏显示全图":将当前工作窗口中的 3D 模型图形等图文资料,全部纳入绘图区域之内。

● 🔍"局部放大"：用鼠标选取指定的矩形范围内的图文资料放大后显示在整个绘图范围内。

● 🔏"上一视图"：可以显示上一视图。

● 📦"剖面视图"：选取模型文件中的参考平面，点击该工具按钮，即可产生一个瞬时性质的剖面视图。

● 🗝"动态注解视图"：控制在旋转模型时注解的显示方式。

● 📦"视图定向"：更改当前视图定向或视窗数。利用其中的"前视图"、"后视图"、"左视图"、"右视图"、"仰视图"、"俯视图"、"等轴测视图"等命令（如图4-16所示），得到实体各个方向的视觉效果。

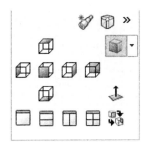

注：按 Ctrl＋1 组合键，视图变化为前视图；按 Ctrl＋2 组合键，视图变化为后视图；按 Ctrl＋3 组合键，视图变化为左视图；按 Ctrl＋4 组合键，视图变化为右视图；按 Ctrl＋5 组合键，视图变化为俯视图；按 Ctrl＋6 组合键，视图变化为仰视图；按 Ctrl＋7 组合键，视图变化为等轴侧视图。

图4-16 视图转换工具栏

● 🔦"隐藏和显示项目"：在图形区域中更改项目的显示状态。

● 🎨"编辑外观"：在模型中编辑实体的外观，可将颜色、材料外观和透明度应用到零件和装配体零部件。

● 🎭"应用布景"：循环使用或应用特定的布景。

● 🖥"视图设定"：切换各种视图设定，例如环境封闭、透视图及卡通等。

4.3 设计案例——梳子

梳子是经常使用的日用品，现设计一把如图4-17所示的个性化梳子。本案例中主要使用的功能有绘制草图、拉伸增料、倒圆弧角、拉伸切除、文字的凸凹模等指令。

(1)选择"上视基准面"，点击"草图绘制"，如图4-18所示。使用矩形工具，选择"中心矩形"⊡，以基准点为中心，绘制"110mm(长)×60mm(宽)"的矩形，使用智能尺寸工具，标记尺寸值,如图 4-19 所示。选择"绘制圆角" 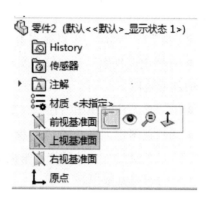 功能,将上部的两个直角边倒 R20 圆弧,如图 4-20 所示。点击"退出草图"。

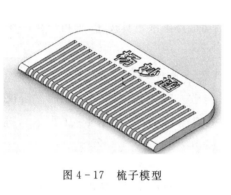

图 4-17　梳子模型

图 4-18　点击"草图绘制"

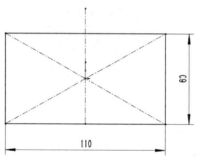

图 4-19　绘制矩形

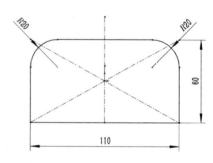

图 4-20　两个直角边倒圆弧

(2)在特征工具栏中,选择"拉伸凸台/基体"工具 ,选择拉伸方向,并给定深度"5mm",确定后如图 4-21 所示。选择"圆角" ,点击前端面上下两条边线,给定圆角参数"3mm",确定后如图 4-22 所示。

图 4-21　拉伸基本体效果

图 4-22　绘制圆角

（3）在梳子的上表面，点击"草图绘制"，选择"中心线"工具，绘制垂直方向的一条中心线，使用"边角矩形"工具，绘制"2mm（长）×40mm（宽）"矩形，使用"智能尺寸"工具，标记尺寸值，按住 Ctrl 键，选择"40mm"的两边和中心线，添加几何关系为"对称(S)"，使用智能尺寸工具，标记矩形上部与梳子上边缘的距离为"20mm"，如图 4-23 所示。选择"线性草图阵列"工具，选择上述绘制的工具绘制"2mm×40mm"矩形，指定阵列方向"X轴正方向"，距离"4mm"，实例数"13"，确定；指定阵列方向"X 轴负方向"，距离"4mm"，实例数"13"，单击"确定"，如图 4-24 所示。点击"退出草图"。

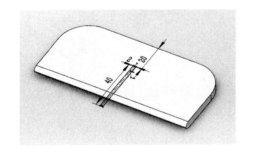

图 4-23　绘制矩形

图 4-24　线性阵列草图

（4）在特征工具栏中，选择"拉伸切除"工具，选择拉伸方向，并"完全贯穿"，确定后如图 4-25 所示。

（5）在梳子的上表面，点击"草图绘制"，选择"文字工具"，输入文字"杨妙涵"，选择字体"微软雅黑"、样式"粗体"、高度"10mm"、字间距"150％"等，使用鼠标左键将文字放置在合适的位置，如图 4-26 所示。注意：使用文字工具时必须保证文字部分由若干个不能交叉的封闭曲线构成，否则不能正常生成实体；如果出现这种情况，请在选择文字后，单击右键，选择"解散草图文字"命令，使用"裁剪实体"工具，将交叉的曲线删除即可。

图 4-25　拉伸切除材料后效果

图 4-26　绘制文字草图

(6)在特征工具栏中,选择"拉伸切除"工具 ，选择拉伸方向,并给定深度 "0.5mm",确定后,蚀雕文字如图 4-27 所示。如果在特征工具栏中,选择"拉伸凸台/基体"工具，选择拉伸方向,并给定深度"0.5mm",单击"确定"后,浮雕文字如图 4-28 所示。

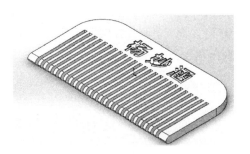

图 4-27　制作蚀雕文字梳子

图 4-28　制作浮雕文字梳子

4.4　设计案例——七巧板

七巧板是常用的智力玩具,由七块组件组成,不同的排列可以拼成不同的形状,如图 4-29 所示。为了方便整理和取出,还需设计相应的包装盒,如图 4-30 所示。本案例中主要使用的功能有绘制草图(等距、裁剪等)、拉伸增料、拉伸除料等指令。

图 4-29　七巧板

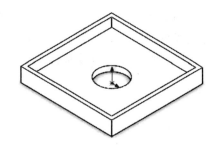

图 4-30　七巧板包装盒

1. 设计七巧板

(1)选择"上视基准面",点击"草图绘制",使用矩形工具,选择"中心矩形" ，以基准点为中心,绘制"50mm(长)×50mm(宽)"的矩形,使用智能尺寸工具,标记尺寸值,如图 4

－31 所示。用直线段分别连接正方形对角线、连接中点等，绘制如图 4－32 所示的线段，将
正方形分割成 7 部分。

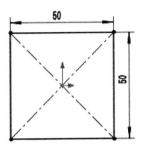

图 4－31　绘制草图

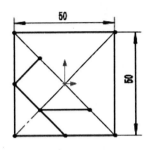

图 4－32　绘制草图

（2）按 Ctrl 键，选择正方形的四条边线，点击"等距实体" $\lfloor$ ，输入距离"0.5mm"，选择
"反向"，如图 4－33a 所示。单击确定后，形成如图 4－33b 所示的图形。按 Ctrl 键，选择正
方形的四条边线，点击"等距实体" $\lfloor$ ，输入距离"0.5mm"，选择"双向"，如图 4－34a 所示。
单击确定后，形成如图 4－34b 所示的图形。点击"裁剪实体" $\maltese$ 目录下的强劲裁剪命令，
删除相应的线段，结果如图 4－35 所示。点击"退出草图"。

（3）在特征工具栏中，选择"拉伸凸台/基体"工具 $\blacksquare$ ，选择拉伸方向，并给定深度
"5mm"，确定后如图 4－36 所示。

a）设置等距参数

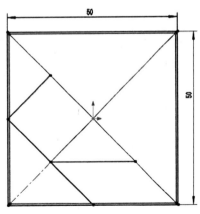

b）绘制结果

图 4－33　外边框等距线的绘制

a）设置等距参数

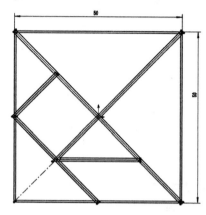

b）绘制结果

图 4 - 34　外边框等距线的绘制

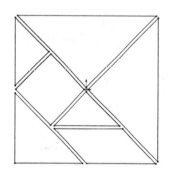

图 4 - 35　七巧板模型草图

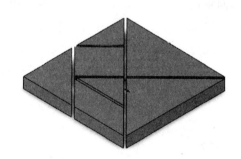

图 4 - 36　七巧板模型实体

2. 设计七巧板包装盒

选择"上视基准面"，点击"草图绘制"，使用"矩形"工具，选择"中心矩形"，以基准点为中心，绘制"52mm（长）×52mm（宽）"的矩形，使用"智能尺寸"工具，标记尺寸值，如图 4 - 37 所示。点击"退出草图"。在特征工具栏中，选择"拉伸凸台/基体"工具，选择拉伸方向，并给定深度"5mm"，确定后如图 4 - 38 所示。

（1）在盒子的上表面，点击"草图绘制"，点击"等距实体"，输入距离"2mm"，如图 4 - 39a 所示。单击确定后，形成如图 4 - 39b 所示的图形。点击"退出草图"。在特征工具栏中，选择"拉伸切除"工具，选择拉伸方向，并给定深度"5mm"，确定后如图 4 - 40 所示。

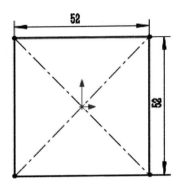

图 4 - 37　绘制外轮廓草图

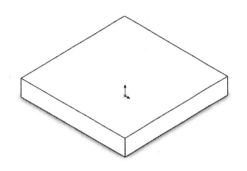

图 4 - 38　拉伸特征生成实体

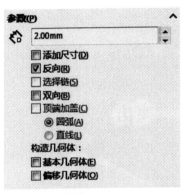

a）设置等距参数

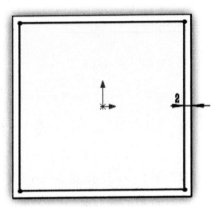

b）绘制结果

图 4 - 39　包装盒腔体草图绘制

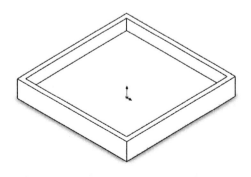

图 4 - 40　拉伸切除生成包装盒腔体

（2）在盒子的下表面，点击"草图绘制"，使用"圆形"工具，选择"中心-半径"工具 ⊙，以基准点为中心，绘制"φ16mm"的圆形，使用"智能尺寸"工具，标记尺寸值，如图 4-41 所示。点击"退出草图"。在特征工具栏中，选择"拉伸切除"工具 ⚄，选择拉伸方向，并"完全贯穿"，确定后如图 4-42 所示。

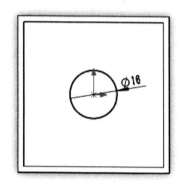

图 4-41　生成底面草图

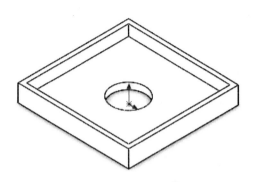

图 4-42　生成底面特征

4.5　设计案例——魔方

魔方玩具如图 4-43 所示，将 30mm×30mm×30mm 的立方体分割成不同形状的若干部分，将各个组件按照一定的安装次序组装成为一个整体的益智玩具。本案例中主要使用的功能有绘制草图、拉伸增料等命令，重点理解并掌握在不同面上建立草图、零部件相互位置关系及装配的功能。

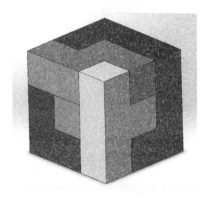

图 4-43　模方装配图

1. 绘制魔方的 7 个组成部件

（1）组件 1：选择"上视基准面"，点击"草图绘制"，使用"直线"工具 ✎，以基准点为起点，按轮廓依次绘制直线段，使用"智能尺寸"工具，标记尺寸值，如图 4-44a 所示。点击"退出草图"。在特征工具栏中，选择"拉伸凸台/基体"工具 ⚄，选择拉伸方向，并给定深度"10mm"，确定后，单击"编辑外观"按钮 ⬦，选择"红色"，生成"组件 1"（如图 4-44b 所示）。

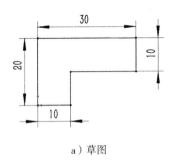

a）草图

b）组件1效果

图 4 - 44　组件 1

（2）组件 2：选择"上视基准面"，点击"草图绘制"，使用"直线"工具 ✎，以基准点为起点，按轮廓依次绘制直线段，使用智能尺寸工具，标记尺寸值，如图 4 - 45a 所示。点击"退出草图"。在特征工具栏中，选择"拉伸凸台/基体"工具 🔳，选择拉伸方向，并给定深度"10mm"，确定后，单击"编辑外观"按钮 🧊，选择"橘红色"，生成"组件 2"（如图 4 - 45b 所示）。

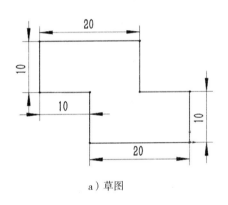

a）草图

b）组件2效果

图 4 - 45　组件 2

（3）组件 3：选择"上视基准面"，点击"草图绘制"，使用"直线"工具 ✎，以基准点为起点，按轮廓依次绘制直线段，使用智能尺寸工具，标记尺寸值，如图 4 - 46a 所示。点击"退出草图"。在特征工具栏中，选择"拉伸凸台/基体"工具 🔳，选择拉伸方向，并给定深度"10mm"，确定后，单击"编辑外观"按钮 🧊，选择"黄色"，生成"组件 3"（如图 4 - 46b 所示）。

（4）组件 4：选择"上视基准面"，点击"草图绘制"，使用"直线"工具 ✎，以基准点为起点，按轮廓依次绘制直线段，使用智能尺寸工具，标记尺寸值，如图 4 - 47a 所示。点击"退出草图"。在特征工具栏中，选择"拉伸凸台/基体"工具 🔳，选择拉伸方向，并给定深度"10mm"，确定后，单击"编辑外观"按钮 🧊，选择"绿色"，生成"组件 4"（如图 4 - 47b 所示）。

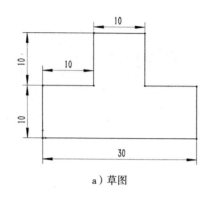

a) 草图

b) 组件3效果

图 4 - 46   组件 3

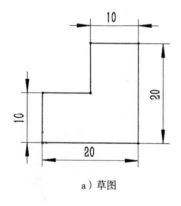

a) 草图

b) 组件4效果

图 4 - 47   组件 4

(5)组件 5:选择"上视基准面",点击"草图绘制",使用"直线"工具 ✏️,以基准点为起点,按轮廓依次绘制直线段,使用"智能尺寸"工具,标记尺寸值,如图 4 - 48a 所示。点击"退出草图"。在特征工具栏中,选择"拉伸凸台/基体"工具 🔧,选择拉伸方向,并给定深度"10mm",确定后,单击"编辑外观"按钮 🌸,选择"蓝色",如图 4 - 48b 所示。选择上表面,点击"草图绘制",使用矩形工具"矩形" ☐,绘制"10mm×10mm"矩形,如图 4 - 48c 所示。点击"退出草图"。在特征工具栏中,选择"拉伸凸台/基体"工具 🔧,选择拉伸方向,并给定深度"10mm",生成"组件 5"(如图 4 - 48d 所示)。

(6)组件 6:选择"上视基准面",点击"草图绘制",使用"直线"工具 ✏️,以基准点为起点,按轮廓依次绘制直线段,使用"智能尺寸"工具,标记尺寸值,如图 4 - 49a 所示。点击

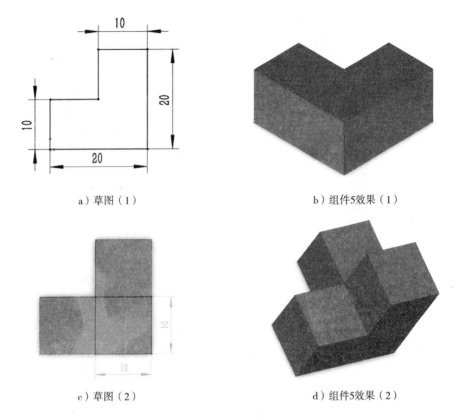

a）草图（1）　　　　　　　　b）组件5效果（1）

c）草图（2）　　　　　　　　d）组件5效果（2）

图 4 - 48　组件 5

"退出草图"。在特征工具栏中,选择"拉伸凸台/基体"工具🔲,选择拉伸方向,并"给定深度"10mm",确定后,单击"编辑外观"按钮🎨,选择"黑色",如图 4 - 49b 所示。由于黑色模型与绘制草图色彩相同不易分辨,这里可以切换到,选择框架模型🔲。在图 4 - 49c 所示的表面,点击"草图绘制",使用"矩形"工具☐（边角矩形）,绘制"10mm×10mm"矩形。点击"退出草图"。在特征工具栏中,选择"拉伸凸台/基体"工具🔲,选择拉伸方向,并给定深度"10mm",生成"组件 6"（如图 4 - 49d 所示）。

　　（7）组件 7:选择"上视基准面",点击"草图绘制",使用"直线"工具✏️,以基准点为起点,按轮廓依次绘制直线段,使用"智能尺寸"工具,标记尺寸值,如图 4 - 50a 所示。点击"退出草图"。在特征工具栏中,选择"拉伸凸台/基体"工具🔲,选择拉伸方向,并给定深度"10mm",确定后,单击"编辑外观"按钮🎨,选择"浅蓝色",如图 4 - 50b 所示。选择"上视基准面",点击"草图绘制",使用"矩形"工具☐（边角矩形）,绘制"10mm×10mm"矩形。

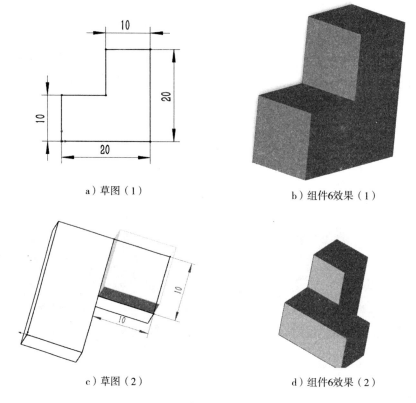

a）草图（1）　　　　　　　　　b）组件6效果（1）

c）草图（2）　　　　　　　　　d）组件6效果（2）

图 4-49　组件 6

点击"退出草图"。在特征工具栏中，选择"拉伸凸台/基体"工具 ，选择拉伸方向，如图 4 -50c 所示，并给定深度"10mm"，生成"组件 7"（如图 4-50d 所示）。

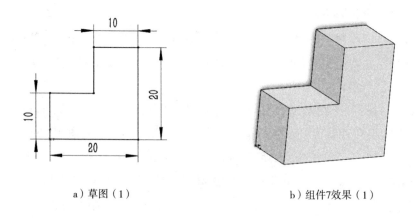

a）草图（1）　　　　　　　　　b）组件7效果（1）

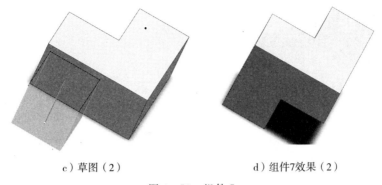

c) 草图（2）   d) 组件7效果（2）

图 4-50   组件 7

2. 装配

（1）打开 SolidWorks 软件，点击"文件→新建"，选择"装配体"，点击"确定"，进入装配体建模环境。

（2）在图 4-51 中，点击"浏览"，选择"组件 1"文件，并将文件放到相应位置，如图 4-52 所示，以本零件位置为固定点，其他零件以此为基准进行配合。

（3）插入零部件，点击"浏览"，选择"组件 2"文件，并将文件放到相应位置，如图 4-53 所示。

（4）选择"组件 2"，长按鼠标右键，并移动鼠标，将"组件 2"进行旋转，直到和"组件 1"的装配方向基本一致（如图 4-54 所示）。

图 4-51   插入零部件指令

图 4-52   插入组件 1   图 4-53   插入组件 2   图 4-54   调整组件 2 位置和方向

（5）选择"组件 1"和"组件 2"，点击"配合"✎，依次将"组件 1"的三个面①②③（如图 4-55a 所示）和"组件 2"的三个面①②③（如图 4-55b 所示），分别选择"重合"✕配合，结果如图 4-55c 所示。

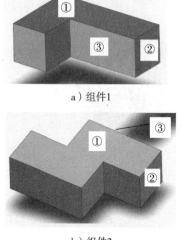

a）组件1

b）组件2

c）组件1和组件2配合效果

图 4 - 55　组件 1 和组件 2 配合

（6）同（3）（4）两步骤，插入"组件 3"并放置到相应位置，根据 4 - 43 图所示的位置关系，选择合适的配合面进行配合，结果如图 4 - 56 所示。

（7）同（3）（4）两步骤，插入"组件 5"并放置到相应位置，根据图 4 - 43 所示的位置关系，选择合适的配合面进行配合，结果如图 4 - 57 所示。

图 4 - 56　组件 3 的装配

图 4 - 57　组件 5 的装配

（8）同（3）（4）两步骤，插入"组件 6"并放置到相应位置，根据图 4 - 43 所示的位置关系，选择合适的配合面进行配合，结果如图 4 - 58 所示。

（9）同（3）（4）两步骤，插入"组件 4"并放置到相应位置，根据图 4 - 43 所示的位置关系，选择合适的配合面进行配合，结果如图 4 - 59 所示。

（10）同（3）（4）两步骤，插入"组件 7"并放置到相应位置，根据图 4 - 43 所示的位置关系，选择合适的配合面进行配合，结果如图 4 - 60 所示。

图 4-58　组件 6 的装配

图 4-59　组件 4 的装配

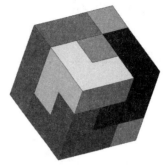
图 4-60　组件 7 的装配

3. 包装盒

请读者自行为该魔方设计一个包装盒,要求该包装盒既要方便魔方的收纳,外观也要美观、大方。

4.6　设计案例——轴承座

轴承座是常用的机械零件,如图 4-61所示。本案例中主要使用的功能有拉伸、倒角、孔、筋板等指令。

(1)选择"上视基准面",点击"草图绘制"。使用矩形工具,选择"中心矩形" ,以基准点为中心,绘制"50mm(长)×30mm(宽)"的矩形,使用智能尺寸工具,标记尺寸值,如图 4-62a 所示,点击"退出草图"。在特征工具栏中,选择"拉伸凸台/基体"工具 ,选择拉伸方向,并给定深度"10mm",单击"确定",生成拉伸特征,如图 4-62b 所示。

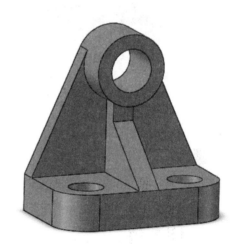
图 4-61　轴承座零件图

(2)选择底座前表面(如图 4-63a 所示),点击"草图绘制",使用"转化实体应用"工具 ,选择上底边,如图 4-63b 所示,生成直线段;使用"中心线"工具绘制中心线,使用"圆形"工具,选择"中心-半径"工具 ,以在中心线距离底边"40mm"的位置为中心,绘制"φ20mm"的圆形,使用"智能尺寸"工具,标记尺寸值;使用"直线"工具,连接底边端点和圆的切点,如图 4-63c 所示。使用"裁剪"工具 ,裁剪草图,如图 4-63d 所示。在特征工具栏中,选择"拉伸凸台/基体"工具 ,选择拉伸方向，并给定深度"5mm"，确定，生成拉伸特征，如图 4 - 63e 所示。

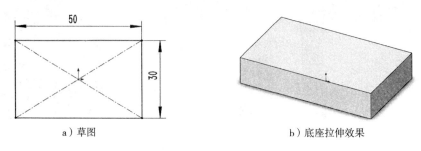

a）草图

b）底座拉伸效果

图 4 - 62　底座拉伸特征

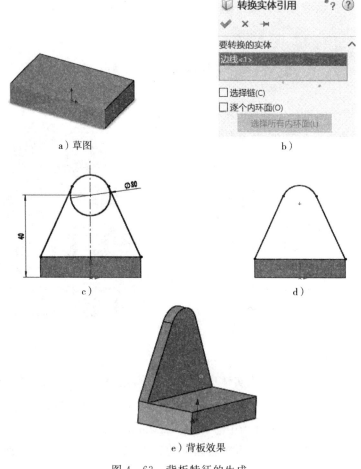

a）草图

b）

c）

d）

e）背板效果

图 4 - 63　背板特征的生成

（3）选择背板的前表面，点击"草图绘制"，使用"中心-半径"工具 $\odot$ ，以背板圆弧中心为圆心，绘制"ϕ20mm"的圆形，如图 4－64a 所示，在特征工具栏中，选择"拉伸凸台/基体"工具 ，选择拉伸方向，并给定深度"10mm"，单击"确定"，生成背板拉伸特征，如图 4－64b 所示。选择背板的后表面，点击"草图绘制"，使用"中心-半径"工具 $\odot$ ，以背板圆弧中心为圆心，绘制"ϕ12mm"的圆形，如图 4－64c 所示。在特征工具栏中，选择"拉伸切除"工具 ，选择拉伸方向，并"完全贯穿"，单击"确定"，生成轴承孔特征，如图 4－64d 所示。

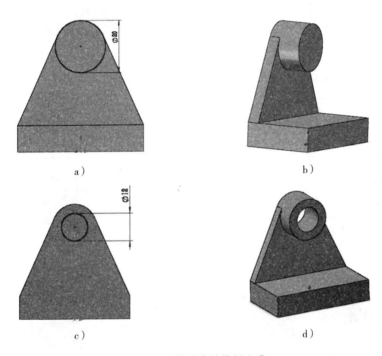

a)

b)

c)

d)

图 4－64　轴承孔的特征生成

（4）选择"右视基准面"，点击"草图绘制"，如图 4－65a 所示。使用"转化实体应用"工具 ，分别选择上底边和背板斜边，单击"确定"，结果如图 4－65b 所示。使用"智能尺寸"工具，标记高度为"22mm"；使用"移动实体" ，选择"22mm"高度线，设置距离"5mm"，选择方向，如图 4－65c 所示，单击"确定"，移动高度线，效果如图 4－65d 所示；使用等距实体，选择底边线，设置距离"15mm"，选择方向，单击"确定"，效果如图 4－65e 所示；用直线工具，连接移动后高度线和等距底边线焦点、底边线端点，如图 4－65f 所示；点击"裁剪" 实体目录下的强劲裁剪命令，删除相应的线段，结果如图 4－65g 所示，点击"退出草图"。使用"筋"特征工具 ，选择草图，设定筋板宽度"6mm"和方向向内，单击"确定"，生成筋板特征,效果如图 4-65h 所示。

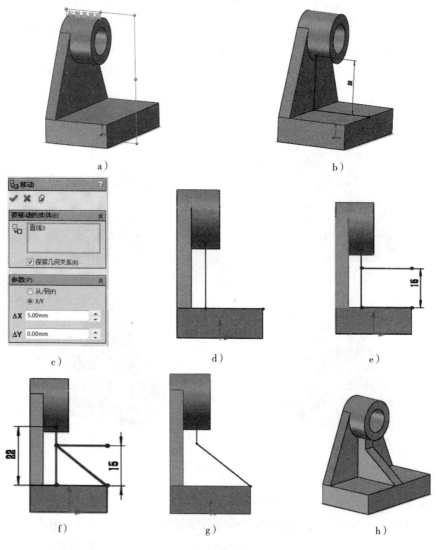

图 4-65　筋板的特征生成

(5)使用"圆角特征"工具 ⬡,选择底座两条边,设定圆角参数半径"10mm",单击"确定",生成圆角特征,如图 4-66 所示。选择底座下表面,点击"草图绘制",选择"中心-半径"工具 ⊙,分别绘制两个圆角的同心圆"φ10mm",如图 4-67a 所示。在特征工具栏中,选择"拉伸切除"工具 🔲,选择拉伸方向,并"完全贯穿",单击"确定",生成底座安装孔的特征,效果如图4-67b所示。

图4-66 圆角特征

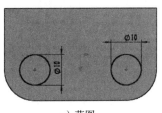

a）草图

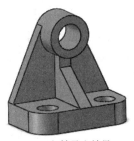

b）轴承座效果

图4-67 底座安装孔的特征

4.7 设计案例——水杯

水杯是常用的生活用品,主要由杯体和杯柄组成,如图4-68所示。本例案中主要使用的功能有绘制草图、拉伸增料、拉伸除料、扫描等,重点掌握面与面之间的交互关系。

（1）选择"上视基准面",点击"草图绘制",使用"圆形"工具 ⊙ ,以基准点为中心,绘制"φ80mm"的圆形,使用"智能尺寸"工具,标记尺寸值,如图4-69a所示。点击"退出草图"。在特征工具栏中,选择"拉伸凸台/基体"工具 ,选择拉伸方向,并给定深度"120mm",如图4-69b所示,确定后生成杯子的基本体。

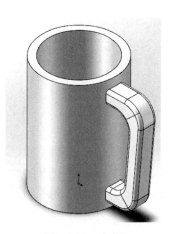

图4-68 水杯

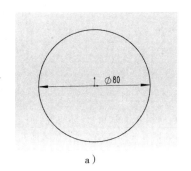

a）

b）

图4-69 水杯基本拉伸体

(2)在杯子的上表面,点击"草图绘制",使用"圆形"工具 ⊙,以基准点为中心,绘制"φ66mm"的圆形,使用"智能尺寸"工具,标记尺寸值,如图 4-70a 所示。点击"退出草图"。在特征工具栏中,选择"拉伸切除"工具 ▣,选择拉伸方向,并给定深度"105mm",形成水杯内壁,如图 4-70b 所示。

(3)在杯子的下表面,点击"草图绘制",使用"圆形"工具 ⊙,以基准点为中心,绘制"φ70mm"的圆形,使用智能尺寸工具,标记尺寸值。点击"退出草图"。在特征工具栏中,选择"拉伸切除"工具 ▣,选择拉伸方向,并给定深度"8mm",形成水杯底部防滑垫槽,如图 4-71 所示。

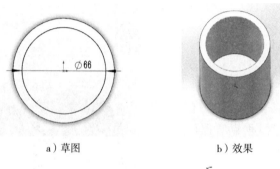

a)草图   b)效果

图 4-70 水杯杯内壁特征

图 4-71 水杯底座特征

(4)选择"右视基准面",在参考几何体目录下,点击"基准面"工具 ▥,输入距离"35mm","确定"后,建立"基准面1",如图 4-72 所示。选择"基准面1",点击"正视于" ↓,点击"草图绘制",使用中心线命令绘制一条中心线,使用"矩形"工具,选择"中心矩形" ▣,以中心线上距离杯顶高度"16mm"的点为中心,绘制"18mm(长)×14mm(宽)"的矩形,使用"智能尺寸"工具,标记尺寸值,如图 4-73 所示。

(5)选择"前视基准面",点击"草图绘制",点击"正视于" ↓,按住鼠标中键,旋转水杯,使用直线命令,绘制

图 4-72 建立右视基准面

如图 4-74 所示的图形。以上一步矩形中心点为起点,垂直于杯壁绘制上底边直线,距离杯口"16mm"、长度"36mm";绘制下底边直线距离上底边"91mm"、长度"28mm",使用"智能尺寸"工具,标记尺寸值。点击"退出草图"。

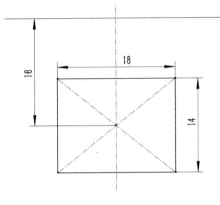

图 4-73　建立截面草图

图 4-74　建立导动草图

（6）在特征工具栏中，选择"扫描"工具 🐛，选择（如图 4-73 所示）"18mm×14mm"矩形为"轮廓"，选择如图 4-74 所示梯形为"路径"，点击确定，生成杯柄（如图 4-75 所示）。

（7）在特征工具栏中，选择"圆角"工具 🔲，选择杯柄的外侧两边线，设置圆角参数"18mm"；选择杯柄的外侧两边线，设置圆角参数"14mm"；杯柄的其他部分设置为圆角参数"3mm"。生成水杯如图 4-76 所示。

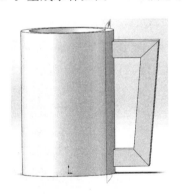

图 4-75　生成水杯杯柄

图 4-76　水杯完成图

4.8　设计案例——花瓶

花瓶是生活中常见的装饰品，如图 4-77 所示。花瓶的大小根据其用途而定，既有桌面摆设的花瓶，也有大型展示的花瓶等，花瓶的典型特点是回转体、深腔、薄壁。本案例中主要使用的功能有绘制草图（样条线）、旋转、抽壳、包覆等。

图 4 - 77 花瓶

　　(1)选择"前视基准面",点击"草图绘制",使用点工具,依次绘制一串坐标点(按坐标点分别设置 X、Y 参数):(38,0)、(38,5)、(26,20)、(40,60)、(60,120)、(58,150)、(55,170)、(38,175)、(38,180)、(25,220)、(38,260)、(38,265)。使用"样条曲线"工具 $\sim$,依次连接各坐标点,并用中心线工具绘制旋转轴,如图 4 - 78a 所示。使用"直线"工具绘制如图 4 - 78b 所示的封闭截面,点击"退出草图"。在特征工具栏中,选择"旋转凸台/基体"工具 ❀,选择草图,选择中心线,给定深度,角度为 360 度,单击"确定",生成花瓶主体(如图 4 - 78c 所示)。

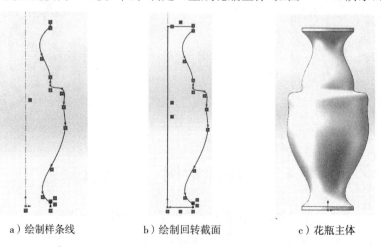

a)绘制样条线　　　　　b)绘制回转截面　　　　　c)花瓶主体

图 4 - 78 花瓶基本旋转体

（2）选择"前视基准面"，点击"基准面"工具 ▥，输入距离"70mm"，建立"基准面1"，如图 4-79a 所示。在"基准面1"上，点击"草图绘制"，选择"文字"工具 ▲，输入文字"大二班"，选择字体"微软雅黑"、样式"粗体"、高度"15mm"、字间距"150％"等，使用鼠标左键将文字放置在合适的位置，如图 4-79b 所示。在特征工具栏中，选择"包覆"工具 ▤，选择"蚀雕"，选择花瓶表面，设置深度"1mm"，确定后结果如图 4-79c 所示。

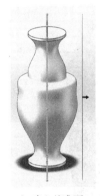

a）建立基准面1　　　　b）绘制文字草图　　　　c）文字包覆花瓶

图 4-79　花瓶外表面包覆文字

（3）在特征工具栏中，选择"抽壳"工具 ▥，输入壳的厚度 2mm，选择花瓶的上表面，确定后结果如图 4-80 所示。

（4）选择主窗口内"外观编辑"工具 ◈，设定花瓶的色彩（如图 4-81 所示）。

图 4-80　花瓶的抽壳　　　　　　　图 4-81　编辑花瓶的外观

4.9 设计案例——沐浴露瓶

沐浴露瓶由瓶身和瓶盖两部分组成,如图 4-82 所示。本案例中主要使用的功能有构建基准面、放样、拉伸、扫描、抽壳等。

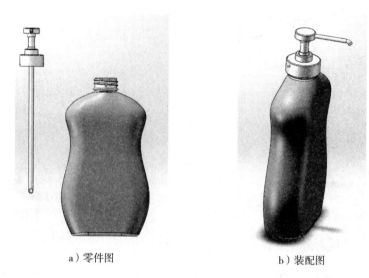

a) 零件图　　　　　　　　　　　　b) 装配图

图 4-82　沐浴露瓶零件

1. 设计瓶身

(1)选择"上视基准面",点击"草图绘制"。使用直槽口工具,选择"中心点直槽口"⚙,以基准点为中心,绘制直槽口,使用智能尺寸工具,标记尺寸值(如图 4-83 所示),点击"退出草图"。

(2)选择"上视基准面",点击"参考几何体"中的"基准面"工具▥,打开如图 4-84 所示对话框,输入与上视基准面的距离为"60mm",单击"确定"。选择"基准面 1",重复(1)操作,绘制如图 4-85a 所示的直槽口,点击"退出草图"。选择"上视基准面",点击"参考几何体"中的"基准面"工具▥,打开如图 4-84 所示对话框,输入与上视基准面的距离为"150mm",单击"确定"。选择"基准面 2",重复(1)操作,绘制如图 4-85b 所示的直槽口,点击"退出草图"。选择"上视基准面",点击"参考几何体"中的"基准面"工具▥,打开如图 4-84 所示对话框,输入与上视基准面的距离为"180mm",单击"确定"。选择"基准面 3",重复(1)操作,绘制如图 4-85c 所示的直槽口,点击"退出草图"。选择"上视基准面",点击"参考几何体"中的"基准面"工具▥,打开如图 4-84 所示对话框,输入与上视基准面的距离为"210mm",单击"确定"。选择"基准面4",选择"圆(R)"工具⊙,以中心为圆心,绘制 ϕ33mm 的圆,如图4-85d所示,点击"退出草图"。

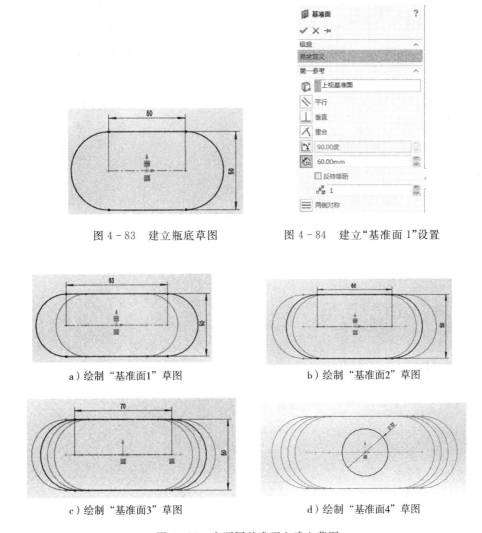

图4-83　建立瓶底草图　　　　图4-84　建立"基准面1"设置

a）绘制"基准面1"草图　　　　　　　　b）绘制"基准面2"草图

c）绘制"基准面3"草图　　　　　　　　d）绘制"基准面4"草图

图4-85　在不同基准面上建立草图

　　(3)按"Ctrl+7"快捷键,切换到轴侧图,如图4-86a所示。选择"放样凸台/基体"特征工具 🔖,从上到下依次选择轮廓边缘(注意选择差不多的位置,否则会发生扭曲),如图4-86b所示,单击"确定",生成放样实体,如图4-86c所示。

　　(4)按"Ctrl+6"快捷键,切换到仰视图,选择底平面,点击"草图绘制",重复(1)操作,

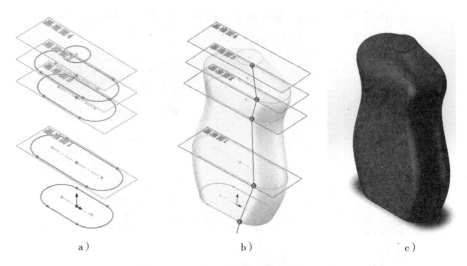

图 4-86　沐浴露瓶放样特征的生成

绘制如图 4-87a 所示的直槽口,点击"退出草图"。选择"拉伸切除"特征工具 [图标],给定切除深度"3mm"(如图 4-87b 所示),单击"确定",效果如图 4-87c 所示。

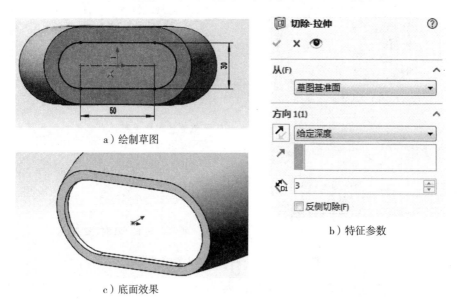

a)绘制草图

c)底面效果

切除-拉伸

从(F)

草图基准面

方向1(1)

给定深度

D1　3

□ 反侧切除(F)

b)特征参数

图 4-87　生成底面特征

(5)选择"圆角"特征工具 [图标],分别设置底面内边圆角半径"3mm",底边外圆角半径"5mm"(如图 4-88 所示)。

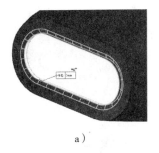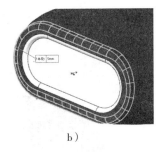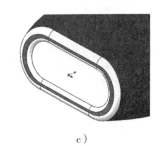

a）　　　　　　　b）　　　　　　　c）

图4-88　瓶底圆角特征

（6）按"Ctrl＋6"快捷键，切换到俯视图，选择顶面点击"草图绘制"，选择"圆（R）"工具 ⊙，以中心为圆心，绘制 φ33mm 的圆，点击"退出草图"，选择"拉伸凸台/基体"特征工具 ，给定深度"20mm"，单击"确定"，效果如图4-89所示。

图4-89　瓶身口

（7）选择"抽壳"特征工具 ，设置壁厚"3mm"，如图4-90a所示；选择沐浴露瓶口上表面，如图4-90b所示。单击"确定"，生成抽壳特征（如图4-90c所示）。

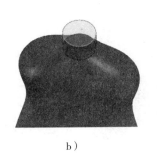

a）　　　　　　　b）　　　　　　　c）

图4-90　瓶身抽壳特征

（8）选择"沐浴露瓶口上表面"，点击"参考几何体"中的"基准面"工具 ，打开如图4-91a所示对话框，输入与上表面的距离为"16mm"，反向等距，预览结果如图4-91b所示，单击"确定"，生成"基准面5"。

（9）选择"基准面5"，点击"草图绘制"，绘制"φ33mm"的圆，使用"智能尺寸"工具，标记尺寸值（如图4-92a所示），点击"退出草图"。选择"前视基准面"，点击"草图绘制"，使用

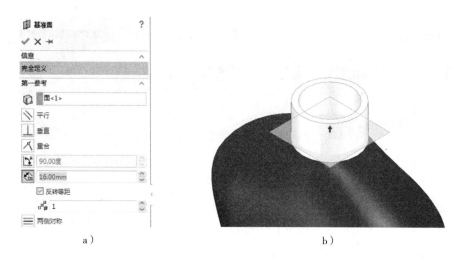

图 4-91 瓶口基准面的生成

"椭圆"工具 ⊙ ，设置长半轴为"2.5mm"、短半轴为"1.25mm"的椭圆，使用"智能尺寸"工具，标记尺寸值（如图 4-92b 所示），点击"退出草图"。选择"扫描"特征工具 🖉 ，选择"φ33mm"的圆为扫描线（草图 11），选择椭圆为轮廓线（草图 10）（如图 4-92c 所示），预览结果如图 4-92d 所示，单击"确定"，生成扫描特征。使用"圆角"工具 🧊 ，对如图 4-92e 所示的两边界倒"1mm"圆角，确定，生成圆角特征（如图 4-92f 所示）。

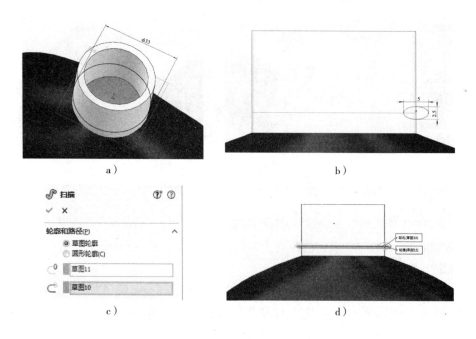

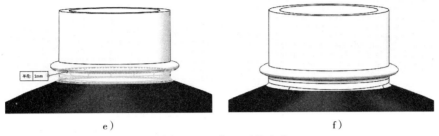

e)　　　　　　　　　　f)

图4-92　瓶口环的生成

(10)选择"沐浴露瓶口上表面",点击"参考几何体"中的"基准面"工具▮,在打开的对话框中输入与上表面的距离为"13mm",反向等距,预览结果如图4-93所示,单击"确定",生成"基准面5"。

(11)选择"基准面5",点击"草图绘制",绘制"φ33mm"的圆,在菜单栏中点击"插入→曲线→螺旋线/涡状线",在打开的对话框中输入如图4-94a所示的参数,生成螺旋线"1",如图4-94b所示。选择"右视基准面",点击"草图绘制",以螺旋线起点为基准,绘制垂直中心线,用"直线"工具绘制如图4-95a所示的轮廓截面线,设置"0.8mm"和"2.5mm"的直线段和中心线为"对称(S)"▣关

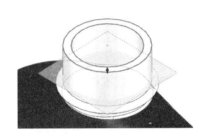

图4-93　生成基准面5

系,点击"退出草图"。选择"扫描"特征✍,选择螺旋线"1"为扫描线,选择轮廓截面线(草图13),单击"确定",生成扫描特征(如图4-95b所示)。

a)

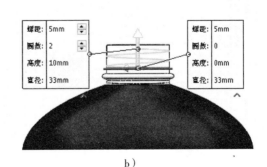

b)

图4-94　生成螺旋线

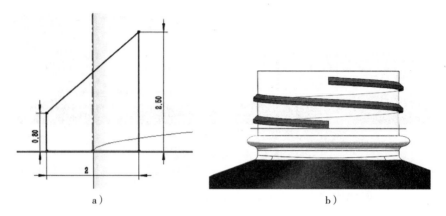

图 4-95　瓶口螺纹特征的生成

(12)沐浴露瓶身整体效果如图 4-96 所示,保存文件为"瓶身.SLDPRT"。

2. 瓶盖

(1)选择"前视基准面",点击"草图绘制",以原点为基准点,在垂直方向上绘制中心线,用"直线"工具绘制轮廓,使用"智能尺寸"工具,标记尺寸值,绘制图 4-97a 所示的"草图 1",点击"退出草图"。在特征工具栏中,选择"旋转凸台/基体"工具，选择"草图 1",选择中心线,给定深度,角度为 360 度,确定,生成图 4-97b 所示的特征。

图 4-96　瓶身

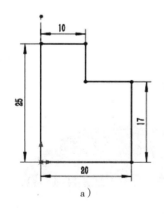

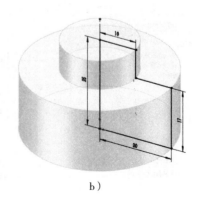

图 4-97　瓶盖特征 1

(2)选择上底面为基准面,点击"草图绘制",以原点为中心,绘制"$\phi14mm$"的圆,如图4-98a所示,点击"退出草图"。选择"拉伸切除"特征工具 📷,给定切除深度"7mm",单击"确定",效果如图4-98b所示。

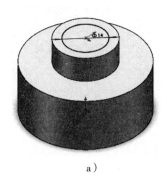 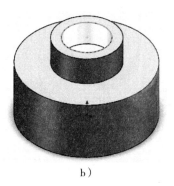

a)   b)

图4-98 瓶盖特征2

(3)选择下底面为基准面,点击"草图绘制",以原点为中心,绘制"$\phi34mm$"的圆(如图4-99a所示),点击"退出草图"。选择"拉伸切除"特征工具 📷,给定切除深度"15mm",单击"确定",效果如图4-99b所示。

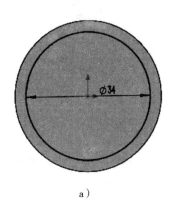 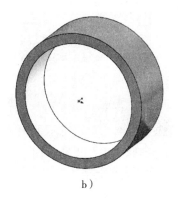

a)   b)

图4-99 瓶盖特征3

(4)选择图4-100a所示的面为基准面,点击"草图绘制",以原点为中心,绘制"$\phi11mm$"的圆,点击"退出草图"。选择"拉伸凸台/基体"特征工具 📷,给定拉伸深度"10mm",单击"确定",效果如图4-100b所示。选择上表面为基准面,点击"草图绘制",以原点为中心,绘制"$\phi9.4mm$"的圆,点击"退出草图"。选择"拉伸凸台/基体"特征工具 📷,给定拉伸深度"15mm",单击"确定",效果如图4-100c所示。选择上表面为基准面,点击"草图绘制",以原点为中心,绘制"φ12mm"的圆,点击"退出草图"。选择"拉伸凸台/基体"特征工具 ⬚ ,给定拉伸深度"13mm",单击"确定",效果如图 4 - 100d 所示。

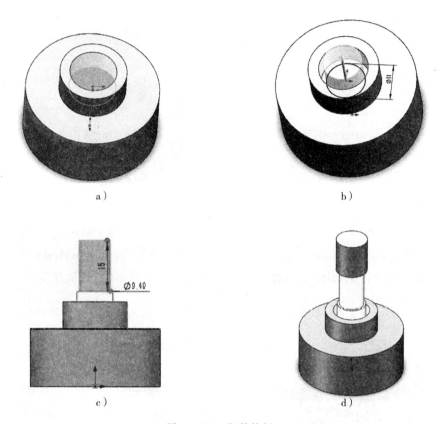

a)　　　　　　　　　　b)

c)　　　　　　　　　　d)

图 4 - 100　瓶盖特征 4

(5)选择图 4 - 100d 所示的上表面为基准面,点击"草图绘制",以原点为中心,绘制"φ24mm"的圆,点击"退出草图"。选择"拉伸凸台/基体"特征工具 ⬚ ,给定拉伸深度 8mm,方向向下,取消合并,如图 4 - 101a 所示。单击"确定",生成拉伸特征,效果如图 4 - 101b、图 4 - 101c 所示。选择拉伸体的下表面,如图 4 - 101d 所示,选择"抽壳"工具,设置厚度"1mm",生成如图 4 - 101e 所示的特征。

(6)选择"前视基准面",点击"草图绘制",绘制 φ5mm 的圆,如图 4 - 102a 所示,点击"退出草图"。选择"右视基准面",点击"草图绘制",使用直线和圆弧工具绘制轮廓,使用"智能尺寸"工具,标记尺寸值,效果如图 4 - 102b 所示。选择"扫描"特征工具 🐛 ,选择"草图 9"为扫描线,选择"草图 8"为轮廓线(如图 4 - 101c),单击"确定",生成扫描特征,如图 4 - 102d 所示。

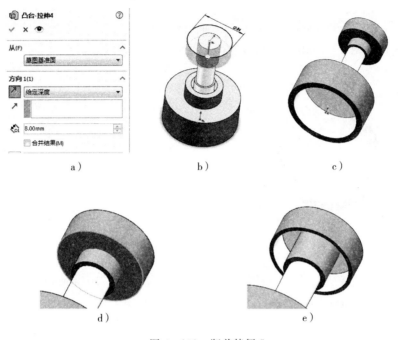

图 4 - 101　瓶盖特征 5

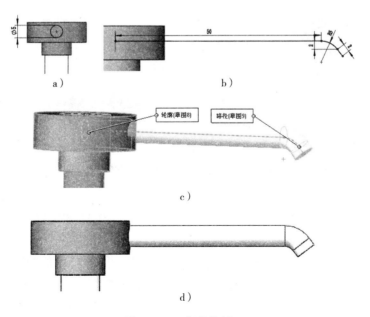

图 4 - 102　瓶盖特征 6

(7)选择图 4-103a 所示的面为基准面,点击"草图绘制",以原点为中心,绘制 "ϕ7mm"的圆,点击"退出草图"。选择"拉伸凸台/基体"特征工具 ,给定拉伸深度 "200mm",生成如图 4-103b 所示的拉伸体。

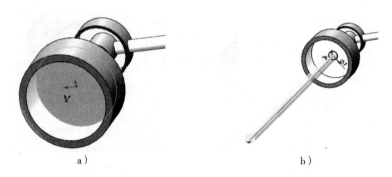

a)   b)

图 4-103 "瓶盖特征 7"

(8)选择"抽壳"特征工具 ,设置壁厚"0.5mm"(如图 4-104a 所示),选择管子的两 个端面(如图 4-104b 所示),单击"确定",生成抽壳特征。

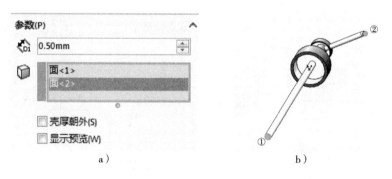

a)   b)

图 4-104 "瓶盖特征 8"

(9)选择"右视基准面",点击"草图绘制",使用直线在直管的下部绘制轮廓,使用智能 尺寸工具,标记尺寸值,绘制如图 4-105a 所示的"草图 11",点击"退出草图"。选择"拉伸 切除"特征工具 ,选择两侧对称,给定深度"10mm"(如图 4-105b 所示),单击"确定", 结果如图 4-105c 所示。

(10)选择图 4-106a 所示的面为基准面,点击"参考几何体"中的"基准面"工具 ,在 打开的对话框中输入与上表面的距离为"3mm",单击"确定",生成基准面"1"。选择"基准 面 1",点击"草图绘制",绘制"ϕ34mm"的圆,在菜单栏中点击"插入→曲线→螺旋线/涡状 线",在打开的对话框中输入如图 4-106b 所示的参数,生成螺旋线"1",效果如图 4-106c

图 4 - 105　瓶盖特征 9

所示。选择"前视基准面",点击"草图绘制",以螺旋线起点为基准,绘制垂直中心线,用"直线"工具绘制如图4 -106d 所示的轮廓截面线,设置"0.8mm"和"2.5mm"的直线段和中心线为"对称(S)"⚎关系,点击"退出草图"。选择"扫描切除"特征工具 🔏 ,选择螺旋线"1"为扫描线,选择轮廓截面线("草图 14"),单击"确定",生成扫描切除特征,效果如图 4 - 106e 所示。

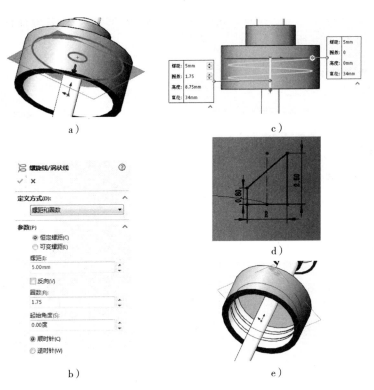

图 4 - 106　瓶盖特征 10

(11)使用"圆角"工具 ，对相关边线倒 1mm 圆角，如图 4 – 107 所示。

(12)沐浴露瓶盖整体效果如图 4 – 108 所示，保存文件为"瓶盖.SLDPRT"。

图 4 – 107　瓶盖倒角特征　　　　　图 4 – 108　瓶盖

3. 装配

(1)打开 SolidWorks 软件，点击"文件→新建"，选择"装配体"，点击"确定"，进入装配体建模环境。

(2)在图 4 – 109 中，点击"浏览"，选择"瓶身""瓶盖"两个文件，并分别将两个文件放到相应位置，如图 4 – 110 所示。

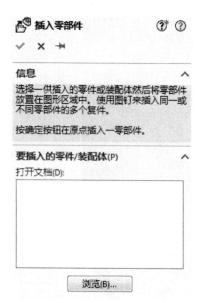

图 4 – 109　插入零部件菜单　　　　　图 4 – 110　导入零部件

(3)选择"瓶身"的上表面、"瓶盖"的下表面,如图 4 - 111 所示,点击"配合" ✎ ,选择"重合(C)" ⟨⟩ ,点击"确定"。

图 4 - 111　瓶身和瓶盖配合表面(1)

(4)选择"瓶身"的瓶口外侧圆弧面和"瓶盖"的内侧圆弧面,如图 4 - 112 所示,点击配合 ✎ ,选择"同轴心(N)" ◎ ,点击"确定"。

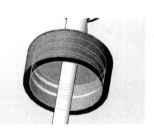

图 4 - 112　瓶身和瓶盖配合表面(2)

(5)沐浴露瓶装效果如图 4 - 113 所示,保存此装配图,文件名为"沐浴露瓶装配体.SLDASM"。

图 4 - 113　沐浴露瓶装配体

4.10　设计案例——齿轮泵

齿轮泵是机械中常用的组合体零件,其外壳由上、中、下三个部分组成,如图 4-114 所示。本案例中主要使用的功能是草图和实体的镜像。

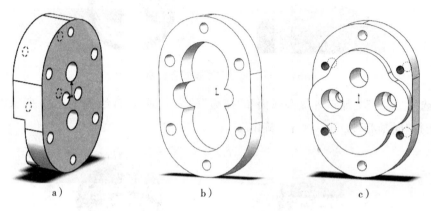

a)　　　　　　　　b)　　　　　　　　c)

图 4-114　齿轮泵外壳零件

1. 齿轮泵(上)

(1)选择"前视基准面",点击"草图绘制",使用"矩形工具",选择"中心矩形"　,以基准点为中心,绘制矩形,使用"智能尺寸"工具,标记并修改成"65mm×94mm"的尺寸值,如图 4-115a 所示,点击"退出草图"。在特征工具栏中,选择"拉伸凸台/基体"工具　,选择拉伸方向,并给定深度"22mm",单击"确定",结果如图 4-115b 所示。

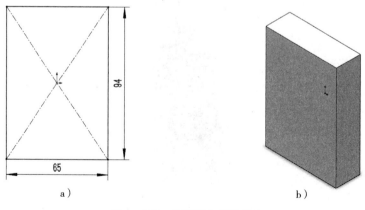

a)　　　　　　　　　　b)

图 4-115　齿轮泵上盖特征 1

　　(2)在特征工具栏中,选择"圆角"工具 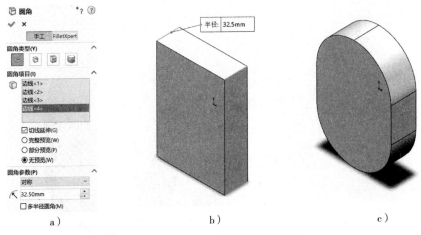,并设定圆角半径为 $R32.5$mm(如图 4 - 116a 所示),选择"矩形 4 个棱角"(如图 4 - 116b 所示),单击"确定",效果如图 4 - 116c 所示。

图 4 - 116　齿轮泵上盖特征 2

　　(3)选择矩形上表面,点击"草图绘制",使用"圆"工具 ⊙,以原点垂直中心线上任意一点为圆心,绘制"$\phi35$mm"的圆,使用"智能尺寸"工具,标记圆心距原点尺寸为"15mm"(如图 4 - 117a 所示),点击"退出草图"。在特征工具栏中,选择"拉伸凸台/基体"工具,选择拉伸方向,并给定深度"6mm",单击"确定",效果如图 4 - 117b 所示。

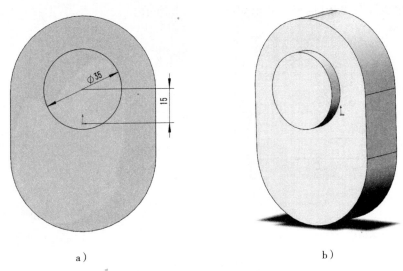

图 4 - 117　齿轮泵上盖特征 3

（4）选择"φ35mm"圆的上表面，点击"草图绘制"，使用"圆"工具⊙，绘制"φ35mm"圆的同心圆"φ12mm"（如图 4-118a 所示），点击"退出草图"。在特征工具栏中，选择"拉伸切除"工具⬚，选择拉伸方向，并"完全贯穿"，单击"确定"，效果如图 4-118b 所示。

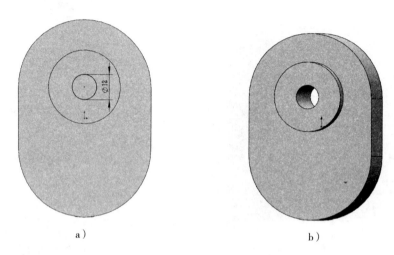

a)　　　　　　　　　　b)

图 4-118　齿轮泵上盖特征 4

（5）选择圆表面，点击"草图绘制"，使用"圆"工具⊙，绘制"φ6mm"和"φ7mm"两个圆，并使用以任意一点为中心，绘制两个圆，使用"智能尺寸"工具，标记并修改圆心位置（如图 4-119a 所示），点击"退出草图"。在特征工具栏中，选择"拉伸切除"工具⬚，选择拉伸方向，并"完全贯穿"，单击"确定"，效果如图 4-119b 所示。

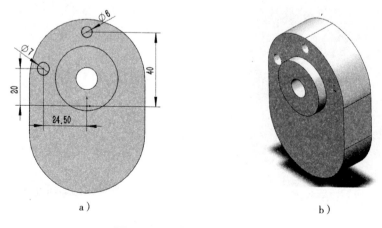

a)　　　　　　　　　　b)

图 4-119　齿轮泵上盖特征 5

(6)选择"$\phi 7$mm"孔的上表面,点击"草图绘制",使用"圆"工具⊙,绘制"$\phi 7$mm"圆的同心圆"$\phi 11$mm"(如图 4 - 120a 所示),点击"退出草图"。在特征工具栏中,选择"拉伸切除"工具,选择拉伸方向,并给定深度"15.5mm",单击"确定",结果如图 4 - 120b 所示。

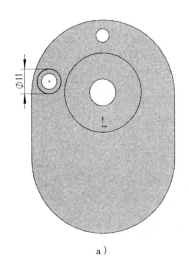
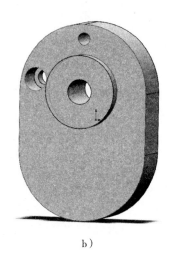

a)   b)

图 4 - 120   齿轮泵上盖特征 6

(7)在特征工具栏中,选择"异型孔向导"工具,在"孔类型"中选择"直螺纹孔"、标准"ISO"、类型"螺纹孔"、孔规格"M6",并给定孔深度"19mm"、螺纹线深度"17mm"(如图 4 - 121a 所示),在"位置"选项中上表面选择两个孔的定位点,使用"智能尺寸"工具,标记并修改(如图 4 - 121b 所示),单击"确定",效果如图 4 - 121c 所示。

(8)选择矩形上表面,点击"草图绘制",绘制如图 4 - 122a 所示草图,点击"退出草图"。在特征工具栏中,选择"拉伸切除"工具,选择拉伸方向,并给定深度"8.5mm",单击"确定",效果如图 4 - 122b 所示。

(9)在特征工具栏中,选择"镜像"工具,选择"上视基准面"作为镜像面,选择"$\phi 6$mm、$\phi 7$mm、$\phi 11$mm 的特征"作为要镜像的特征(如图 4 - 123a 所示),单击"确定",效果如图 4 - 123b 所示。

(10)在特征工具栏中,选择"镜像"工具,选择"右视基准面"作为镜像面,选择"$\phi 7$mm、$\phi 11$mm、M6 螺纹孔、左下角所需去除的特征"作为要镜像的特征(如图 4 - 124a 所示),单击"确定",效果如图 4 - 124b 所示。

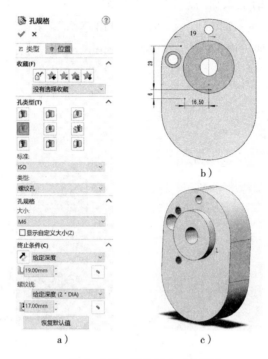

图 4-121 齿轮泵上盖特征 7

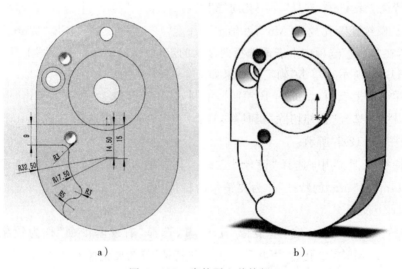

图 4-122 齿轮泵上盖特征 8

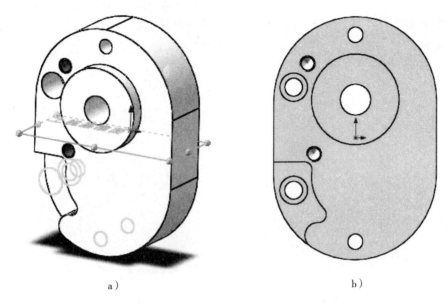

a) b)

图 4 - 123 齿轮泵上盖特征 9

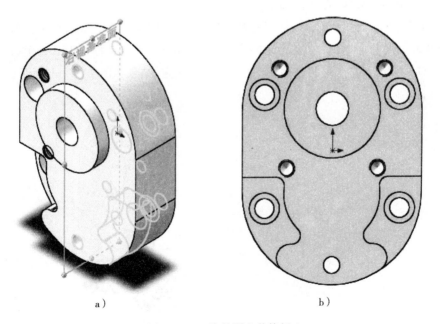

a) b)

图 4 - 124 齿轮泵上盖特征 10

（11）按"Ctrl＋F2"，选择矩形下表面，点击"草图绘制"，使用"圆"工具 ⊙，以任意一点为中心，绘制 φ12 圆，使用"智能尺寸"工具，标记并修改尺寸值（如图 4-125a 所示），点击"退出草图"。在特征工具栏中，选择"拉伸切除"工具 ⬚，选择拉伸方向，并给定深度"17mm"，单击"确定"，效果如图 4-125b 所示。

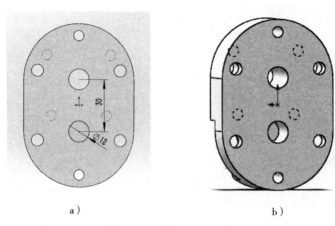

图 4-125 齿轮泵上盖特征 11

（12）选择矩形下表面，点击"草图绘制"，使用"圆"工具 ⊙，以任意一点为中心，绘制"φ8mm"圆，使用"智能尺寸"工具，标记并修改尺寸值（如图 4-126a 所示），用镜像实体工具，选择中心线为对称轴，镜像"φ8mm"的圆，点击"退出草图"。在特征工具栏中，选择"拉伸切除"工具 ⬚，选择拉伸方向，并给定深度"6mm"，确定，结果如图 4-126b 所示。

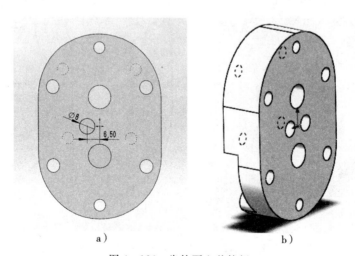

图 4-126 齿轮泵上盖特征 12

2. 齿轮泵(中)

(1)重复齿轮泵(上)的(1)和(2)两个步骤,基本拉伸体的厚度设定为"12mm"。

(2)选择齿轮泵(中)上表面,点击"草图绘制",使用"圆"工具⊙,以任意一点为中心,绘制"φ6mm""φ7mm"的两个圆,使用"智能尺寸"工具,标记并修改尺寸值,如图4-127a所示;使用"镜像实体"工具,以水平线为对称轴,将两个圆镜像,如图4-127b所示;使用"镜像实体"工具,以竖直线为对称轴,镜像"φ7mm"的两个圆,如图4-127c所示,点击"退出草图"。在特征工具栏中,选择"拉伸切除"工具,选择拉伸方向,并"完全贯穿",点击"确定",效果如图4-127d所示。

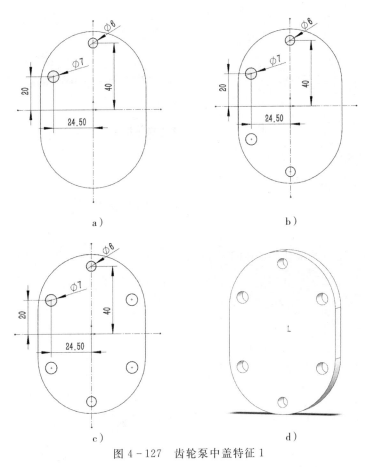

图4-127 齿轮泵中盖特征1

(3)选择齿轮泵(中)上表面,点击"草图绘制",使用"圆"工具⊙,绘制4-128a所示草图,点击"退出草图"。在特征工具栏中,选择"拉伸切除"工具,选择拉伸方向,并"完全贯穿",点击"确定",效果如图 4 - 128b 所示。

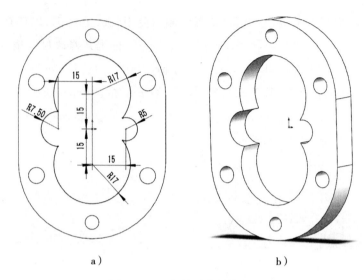

a)　　　　　　　　　　b)

图 4 - 128　齿轮泵中盖特征 2

3. 齿轮泵(下)

(1)重复齿轮泵(上)的(1)和(2)两个步骤。

(2)选择齿轮泵(下)上表面,点击"草图绘制",使用"圆"工具,⊙,绘制 4 - 129a 所示草图,点击"退出草图"。在特征工具栏中,选择"拉伸切除"工具▣,选择拉伸方向,并"完全贯穿",点击"确定",效果如图 4 - 129b 所示。

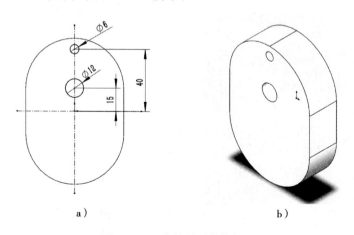

a)　　　　　　　　　　b)

图 4 - 129　齿轮泵下盖特征 1

（3）在特征工具栏中，选择"异型孔向导"工具 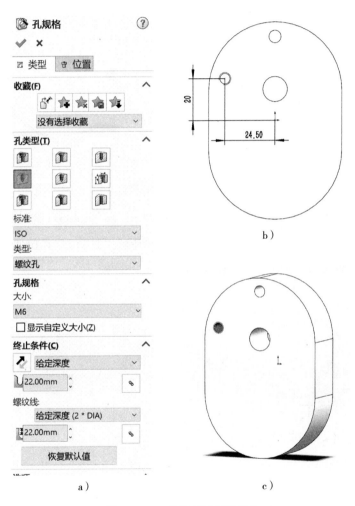，在"类型"选项中选择"直螺纹孔"类型、"ISO"标准、"螺纹孔"类型、"M6"螺纹尺寸、并给定孔深度"22mm"、螺纹线深度"22mm"，如图4-130a所示，在"位置"选项中直槽口上表面选择孔的定位点，使用"智能尺寸"工具，标记并修改尺寸值（如图4-130b所示），点击"确定"，效果如图4-130c所示。

图4-130　齿轮泵下盖特征2

（4）在特征工具栏中，选择"镜像"工具 ，选择"上视基准面"作为镜像面，选择"φ6mm、M6mm 螺纹孔、φ12mm 的特征"作为镜像的特征，如图4-131a所示，点击"确定"，效果如图4-131b所示。

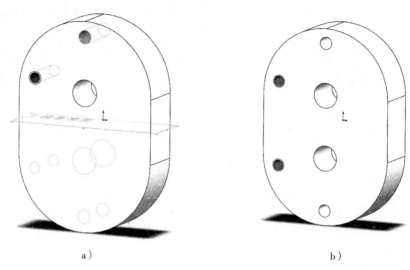

a)　　　　　　　　　　　　　b)

图 4-131　齿轮泵下盖特征 3

(5)选择齿轮泵(下)上表面,点击"草图绘制",使用"圆"工具 ⊙,绘制 4-132a 所示草图,点击"退出草图"。在特征工具栏中,选择"拉伸切除"工具 📦,选择拉伸方向,并给定深度"6mm",点击"确定",效果如图 4-128b 所示。

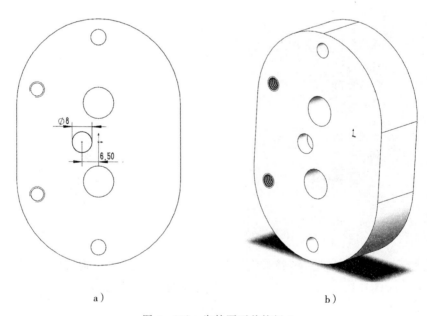

a)　　　　　　　　　　　　　b)

图 4-132　齿轮泵下盖特征 4

(6)在特征工具栏中,选择"镜像"工具 ▐┫┃,选择"上视基准面"作为镜像面,选择"M6mm 螺纹孔、ϕ8mm 的特征"作为镜像的特征(如图 4-133a 所示),点击"确定",效果如图 4-133b 所示。

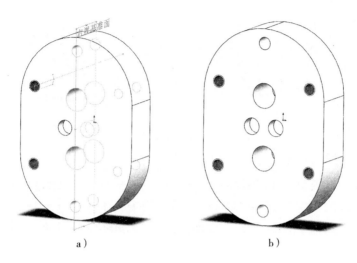

a)   b)

图 4-133   齿轮泵下盖特征 5

(7)选择齿轮泵(下)下表面,点击"草图绘制",绘制如图 4-134a 所示草图,点击"退出草图"。在特征工具栏中,选择"拉伸切除"工具 ▣ ,选择拉伸方向,并给定深度"7.5mm",点击"确定",效果如图 4-133b 所示。在特征工具栏中,选择"镜像"工具 ▐┫┃,选择"上视基准面"作为镜像面,选择切除对象为镜像的特征(如图 4-134c 所示),点击"确定",效果如图 4-133d 所示。

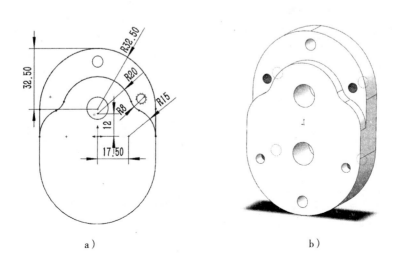

a)   b)

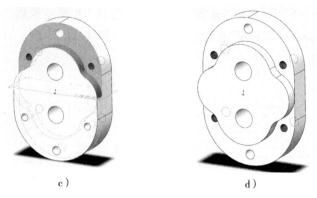

c)   d)

图 4-134　齿轮泵下盖特征 6

(8)在特征工具栏中,选择"异型孔向导"工具 ,在"类型"选项中选择"直螺纹孔"类型、"ISO"标准、"螺纹孔"类型、"M16"螺纹尺寸、并给定孔深度"15mm"、螺纹线深度"12mm"(如图 4-135a 所示),在"位置"选项中直槽口上表面选择孔的定位点,使用智能尺寸工具,标记并修改成 17.5mm 的尺寸值(如图 4-135b 所示),点击"确定",效果如图 4-134c 所示。

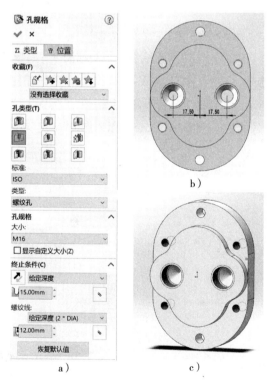

a)   b)

c)

图 4-135　齿轮泵下盖特征 7

(9)选择矩形下表面,点击"草图绘制",使用"圆"工具⊙,以 M16mm 螺纹孔圆心为中心,绘制"φ6mm""φ8mm"两个圆,点击"退出草图"。在特征工具栏中,选择"拉伸切除"工具▣,选择拉伸方向,并"完全贯穿",单击"确定",效果如图 4 - 136 所示。

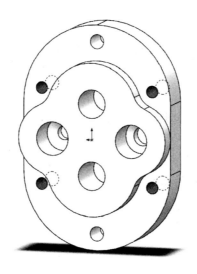

图 4 - 136　齿轮泵下盖

第 5 章
数据处理与程序编制

　　三维电子模型在被 3D 打印机打印出来之前,还需要经过三维模型数据处理和 3D 打印程序编制两个过程,如图 5-1 所示。三维模型数据的转化是进行分层切片前的预处理,分层切片处理后生成的层面信息和加工路径信息的最终目的是编制加工程序。文件处理的精确性将直接影响 3D 打印作品的最终效果。

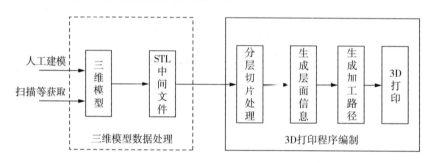

图 5-1　3D 打印机文件处理的主要内容

　　3D 打印软件处理数据的主要内容包括如下 5 个步骤(如图 5-2 所示):①将转化后的三维电子模型导入 3D 打印机软件系统;②对模型 Z 方向按一定层厚分层,获得一系列截面轮廓;③将截面轮廓分成不同的组件,并对这些组件进行填充、添加支撑等操作;④根据层片信息生成加工路径规划;⑤将路径信息转换成 3D 打印加工的程序。

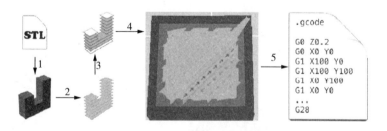

图 5-2　FDM 系统软件数据处理过程

5.1　三维数据模型文件格式

三维电子模型的获取是打印 3D 产品的前提和基础。模型数据来源于正向设计(三维造型软件参数化建模)或逆向设计(三维扫描仪等测量设备反求获取),在这个阶段需要保证准确地建立产品的三维电子模型,要将模型的建立过程和模型的各个细节完整地记录成专门的模型数据,并使用各软件专门的格式对其进行存储。

三维建模软件的设计方法主要为实体建模和曲面建模。实体建模主要针对结构性的实体进行设计,一般适用工业设计和制造领域;曲面建模更注重线条流畅性和曲面复杂性,适用于艺术创作。目前一般的设计软件都可以综合这两种方式建模,但各有所长,例如 UG、Pro/E、SolidWorks、Catia 等侧重于实体建模,3Dmax、犀牛等软件擅长曲面建模。

逆向工程(Reverse Engineering,RE)又称反求工程,是将目标三维实体通过相关的数据采集转变为概念模型,并在此基础上进行后续创作的过程。逆向工程主要包括采集数据、处理数据、重构曲面和三维建模。数据采集的主要方法包括三坐标测量仪法、激光三角形法、投影光栅法、CT(Computed Tomography)扫描、核磁共振法(Magnetic Resonance Imaging,MRI)等。CT 扫描是通过逐层扫描物体来获取截面数据的,将 CT 扫描得到的DICOM 数据导入 Mimics、Geomagic、Imageware、Surfacer 等软件中进行设计优化,最后根据所建模型的用途输出相应的格式文件。

5.2　模型数据处理

三维电子模型文件包含有大量实体和曲面的数据信息,由于数据格式和标准不统一,需要在 3D 打印前对拟加工的三维电子模型文件进行近似处理,按照一定的规则转化为3D 打印机支持的数据文件格式。目前 3D 打印中的数据文件格式主要分为两类:①CAD三维数据文件格式,包括 STL(Stereo Lithography)、STEP(Standard for the Exchange of Product Modal Data)、IGES(Initial Graphics Exchange Specification)、LEAF(Layer Exchange ASCII Format)、RPI(Rapid Prototyping Interface)、LMI(Layer Manufacturing Interface)等;②二维层片文件格式,包括:SLC(Stereo Lithography Contour)、CLI(Common Layer Interface)、HPGL(Hewlett - Packard Graphics Language)等。

STL 格式的 3D 模型文件是由 3D systems 公司于 1988 年制定的一个文件标准,目前已经成为 3D 打印领域的标准数据接口格式,几乎所有商业软件都可以输入或输出 STL

格式 3D 模型文件。STL 文件由多个三角网格来表现三维模型,如图 5-3 所示。若三角形面片越小,精度越高,则需使用的面片数量越多,模型数据量越大,计算时间越长。

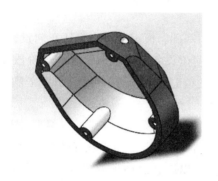 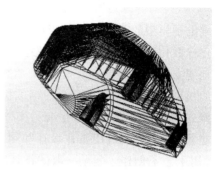

a)转化前的模型　　　　　　　　　　　　b)转化后的模型

图 5-3　STL 模型转化

　　一个完整的 STL 文件记载了组成实体模型的所有三角形面片的法向量数据和顶点坐标数据信息。目前 STL 文件格式包括二进制文件(BINARY)和文本文件(ASCII)两种。其格式说明及代码示例见表 5-1 所列。显然文本文件(ASCII)格式可读性更好。

表 5-1　STL 格式分类说明及代码示例

分类	代码示例	说　　明
二进制文件	UINT8[80]//Header//文件头 UINT32//Numberoftriangles//三角面片数量 foreachtriangle//(每个三角面片中) 　　REAL32[3]//Normalvector//法线矢量 　　REAL32[3]//Vertex1//顶点 1 坐标 　　REAL32[3]//Vertex2//顶点 2 坐标 　　REAL32[3]//Vertex3//顶点 3 坐标 UINT16//Attribute byte countend//文件属性统计 　　end	二进制 STL 文件用固定的字节数来给出三角面片的几何信息。文件起始的 80 个字节是文件头,用于存贮零件名;紧接着用 4 个字节的整数来描述模型的三角面片个数,后面逐个给出每个三角面片的几何信息。每个三角面片占用固定的 50 个字节,依次是 3 个 4 字节浮点数(角面片的法矢量)、3 个 4 字节浮点数(1 个顶点的坐标)、3 个 4 字节浮点数(2 个顶点的坐标)、3 个 4 字节浮点数(3 个顶点的坐标),最后 2 字节用来描述三角面片的属性信息。一个完整二进制 STL 文件的大小为三角形面片数乘以 50 再加上 84 个字节,总共 134 个字节。

（续表）

分类	代码示例	说　明
文本文件	Solid filename stl//文件路径及文件名 Facet normal x y z//三角面片法向量的 3 个分量值 　　outer loop 　　　vertex xyz//三角面片第一个顶点坐标 　　　vertex xyz//三角面片第二个顶点坐标 　　　vertex xyz//三角面片第三个顶点坐标 　　endloop 　endfacet//完成一个三角面片定义 ……//其他 facet Ends filename stl//整个 STL 文件定义 结束	ASCII 码格式的 STL 文件逐行给出三角面片的几何信息,每一行以 1 个或 2 个关键字开头。在 STL 文件中的三角面片的信息单元 facet 是一个带矢量方向的三角面片,STL 三维模型就是由一系列这样的三角面片构成。整个 STL 文件的首行给出了文件路径及文件名。在一个 STL 文件中,每一个 facet 由 7 行数据组成,facet normal 是三角面片指向实体外部的法矢量坐标,outer loop 说明随后的 3 行数据分别是三角面片的 3 个顶点坐标,3 顶点沿指向实体外部的法矢量方向逆时针排列。

　　由于 STL 定义的信息非常简单,在数据的转换过程中有时会出现出现缺失或者冗余等错误,需要对 STL 文件进行校验,以减少后续在切片过程中出现错误。正确的 STL 应满足下列四个条件:①共顶点规则,即每相邻的两个三角形面片只能共用两个顶点,例如图 5-4a 中三角形的顶点错误地落在了另一个三角形的边上,图 5-4b 则为其修正结果。②右手规则,即每个三角形面片的定义由每个三角形的顶点坐标和三角形面片的法向量组成,每个三角形的顶点排列顺序完全遵守右手法则,如图 5-5 所示。③取值规则,即每个三角形面片顶点的坐标取值必须为正值,不应当存在零值和负值。④充满规则,即模型表面上必须布满三角形面片,不能有空缺处。

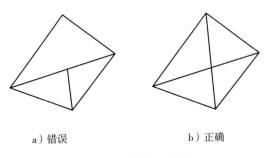

　　a）错误　　　　　　　b）正确

图 5-4　共顶点规则

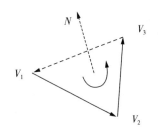

图 5-5　三角形定点
与法向量的关系

5.3 分层切片处理

1. 切片分层

分层切片处理即首先将三维模型离散成若干个二维平面图形的过程,是将模型文件转化为 3D 打印加工程序的核心环节,数据处理流程如图 5 - 6 所示。切片算法的优劣直接影响着模型最终产品的质量。

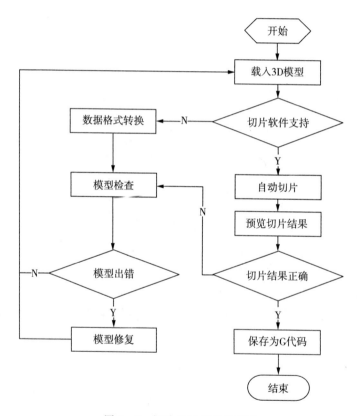

图 5 - 6　切片处理的操作流程

切片的过程就是用一系列间隔一定高度的水平面与三维模型求交,得到三维模型在该高度上的切面轮廓多边形,相邻两层之间的间隔高度称之为层厚。图 5 - 7 中第 i 层所示线段表示当前层的切平面,其与组成模型的三角面片相交,通过计算可以求得其交点,如图中点 A、B 等;再将这些交点依次连接即为当前层的切面轮廓,由于三维模型是封闭的,所以当交点返回起始点即点 A 时,这一个轮廓也就完成了。通常 3D 打印机都是将模

型平放在 X - Y 平面,对模型的高度 Z 轴进行分层,获得若干个 X - Y 面内截面轮廓。

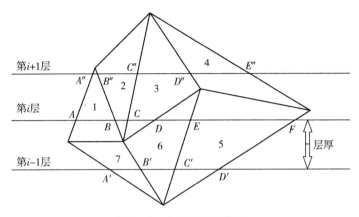

图 5-7 分层原理示意图

2. 添加支撑

3D 打印能够对零件进行任意形状的加工和
生成,在成形过程中必须含有支撑结构(如图 5-
8 所示),否则当上层的轮廓比下层的轮廓大时就
会因为没有支撑而出现悬空,将会发生变形甚至
发生坍塌,轻则影响成形质量,重则加工失败。有
些 3D 打印工艺的支撑结构会在制造过程中自然
生成上层支撑结构,例如三维印刷(3DP)过程中

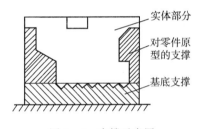

图 5-8 支撑示意图

没有获得黏结剂作用的部分粉末、激光选择性粉末烧结(SLS)过程中未经过扫描的区域。
大多数工艺没有形成支撑结构,例如熔融堆积成形(FDM)和光固化成形(SLA)等,需要人
工或者软件自动添加支撑。支撑结构添加的主要原因:①有支撑结构要保证自身及支撑
成形部分的结构稳定,避免发生偏移或变形,特别是要减少支撑结构中的点状、薄壁等接
触横截面积较小的部分。②在满足支撑强度的前提下,应尽可能加大支撑结构的扫描间
距,以减少成形材料的使用,节省加工时间。③支撑结构应当能方便从主体上剥离,避免
出现支撑与实体、实体与基底之间由于黏度过大等原因难以分离,造成表面质量下降,同
时要注意微小结构的剥离,避免用力不均造成结构损坏。

3. 加工路径规划

分层并添加支撑后,在每个层面上将包括轮廓和填充两部分信息。合理地规划加工
路径,可有效地减少启停的次数,提升机构的平稳性,提高加工的速度,保证成形零件的精
度和物理性能。加工路径规划的主要方式有单向扫描、多向扫描、十字网格扫描、螺旋扫
描、Z 字形扫描和复合扫描等,其具体的路径规划方法各自特点见表 5-2 所列。

表5-2 常用加工路径规划方法

类　型	单向扫描	多向扫描	十字网格扫描
路径规划方法	主要是沿着纵横(X或Y方向)两个方向扫描。	对单向扫描方式进行改善,可以自动判断截面轮廓的形状,之后选择沿长边的方向进行扫描。	沿X轴和Y轴两个方向进行扫描。
优点或缺点	扫描方式容易于实现,但启停误差较大。	软件处理过程比较烦琐。	成形件机械强度较好。
示意图			

类　型	螺旋扫描	Z字形扫描	复合扫描
路径规划方法	以多边形的几何中心发射出若干等角度的射线。螺旋形扫描线则是以渐近的方式从一条射线到另一条射线进行生成。	对单向扫描的优化,主要减少了空行程。	综合采用上述两种或两种以上扫描方式。
优点或缺点	成形件的物理性能好,但是算法复杂。	减少空行程,节省时间。	结合多种算法的优点,但是实现困难。
示意图			

　　每个层片上的轮廓类型较多,单一的扫描方式往往带来空行程较多和喷嘴出料频繁启停的问题,可以采用分区的方式,针对不同区域的特点进行规划路径,提升打印效率和质量。分区扫描就是将整个截面分为N个连续的区域,在每个小区域采用一种扫描的方法,如图5-9所示。例如先对A区域进行扫描填充,再对B区域进行扫描填

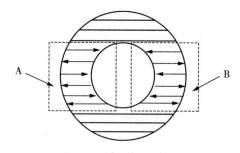

图5-9　分区扫描示意图

充,与频繁跨越 A、B 区域型腔比较,可节省时间,减少"拉丝"现象。

5.4 Gcode 代码生成

　　路径规划完成后,必须按照一定的规则编译成 3D 打印机可以识别并执行的程序,由于 3D 打印机采用的控制器和元件不尽相同,为了使编译的程序有通用性,程序必须遵循统一标准的代码。Gcode 代码结构清晰、编写规则简单易懂,最早用于数控机床的控制,通过 Gcode 代码可以方便地读取加工路径。目前在 3D 打印中普遍使用 Gcode 代码,并且根据实际需求对其进行补充编译。表 5-3 所示的是 3D 打印机关键指令的具体含义。

表 5-3　关键指令的具体含义

指　　令	含　　义
G0	快速移动
G1	定向移动
G28	回原点
G90	设定绝对坐标
G91	设定相对坐标
G92	重设当前位置为指定点
M104	挤出头加热关闭
M106	冷却风扇转速设定
M109	挤出头温度设定并等待
M140	热床加热关闭
M107	冷却风扇关闭
M117	显示打印信息

　　3D 打印技术中用到的 G 代码主要有三类,分别是起始代码、加工代码和终止代码。这三部分相辅相成,共同控制 3D 打印机硬件系统来完成模型的打印工作,三者缺一不可。起始代码主要负责打印系统的准备工作,例如加热打印平台、进给打印丝材、指定打印温度等,而终止代码则负责收尾工作,关闭加热腔的加热器、将打印头返回到初始位置等。这两部分的代码在确定了打印机系统后也就基本确定,因此一般可提前编好。

(1)起始 G 代码

M190 S{print_bed_temperature};	设置热床温度
M109 S{print_temperature};	设置打印温度
G21;	设置度量值,以毫米为单位
G90;	设定绝对坐标
M82;	将喷嘴设置为绝对模式
M107;	开始时设置风扇关闭
G28 X0 Y0;	将 X / Y 移动到原点
G28 Z0;	将 Z 移动到原点
G92 E0;	清零挤出长度
G1 F200 E3;	挤出 3mm 原料
G92 E0;	再次清零挤出长度
G1 F{travel_speed};	喷嘴移动速度
M117;	将打印消息放在 LCD 屏幕上

(2)加工 G 代码

按照路径规划的打印路径顺序,依次按照加工路径的轨迹点定向移动(G1 指令),同时控制打印线材进给速度(控制打印材料的输出)。

(3)终止 G 代码

M104 S0;	关闭挤出头加热器
M140 S0;	热床加热关闭
G91;	相对位置
G1 E−1 F300;	在提起喷嘴之前先将丝线收回一点,以释放压力
G1 Z+0.5 E−5 X−20 Y−20 F{travel_speed};	将 Z 向上移动一点,进一步缩回丝线
G28 X0 Y0;	返回原点
M84;	关闭步进电机
G90;	绝对位置

第**6**章
3D 打印机的操作

对 3D 打印机进行正确操作是打印出合格三维产品的重要保证。不同的 3D 打印机的操作方法虽有一定的差异,但打印过程基本一致。本章以北京太尔时代生产的 UP 系列(软件为 UP STUDIO,版本为 2.0.0.8,适用于 UP300、UP BOX＋、UP2、UPMINI2、UPMINI2ES 等多型号机床,最新的软件可以通过 https://www.tiertime.com/zh－CN/downloads/software 下载)3D 打印机为例介绍 3D 打印机的基本操作方法和 3D 打印的主要工艺。

6.1　3D 打印机的基本操作过程和操作方法

1. 启动 3D 打印机

接通 3D 打印机电源,启动计算机,双击桌面上的"UP STUDIO"图标 ,启动软件后,在左侧快捷栏中点击"UP" 图标,进入主页面,如图 6-1 所示。

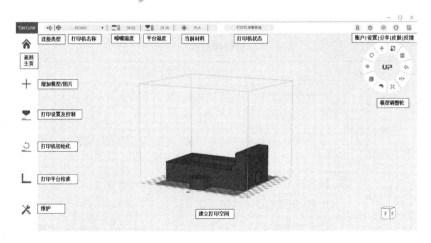

图 6-1　UP STUDIO 软件操作界面

2. 添加模型

(1)导入模型

点击"十"。其添加目录包括三个基本功能(如图 6-2 所示):①添加模型。点击
"⬚"可以添加由各种软件生成的 3D 打印的模型文件,目前该软件支持的格式有 *.stl、
.up3、.obj、*.ups 和 *.gcode 等。②添加图片。点击"⬚"选择相应图片(照片),
可以将二维图像转换为三维模型,目前设定了"图片""灯罩""相框"三种选择类型,轻松制
作三维产品,图 6-3 所示的是使用图片制作三维相框。③调用基本模型。可以直接调用
简单的三维零件模型(如圆柱、圆环、三棱锥等)进行打印。

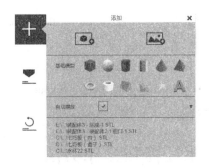

图 6-2 　添加模型菜单 　　　　　　　图 6-3 　相框的三维设计

(2)调整模型

通过模型调整轮对导入的模型进行编辑,主要有旋转、移动、缩放、视图、显示模式、切
平面、镜像、自动摆放、回退、类别等 10 个编辑功能,每个功能下又包含有若干子工具(如
图 6-4 所示)。具体功能的介绍见表 6-1 所列。

表 6-1 　模型调整轮功能介绍

	功能	图标	说　　　明
1	旋转	↻	设置模型旋转:先选择旋转轴($X/Y/Z$),输入旋转角度,或快捷选择$-90/$ $-45/-30/0/30/45/90°$,或鼠标移动选择。
2	移动	✛	设置模型移动:先选择移动轴($X/Y/Z$),输入移动距离,或快捷选择$-50/$ $-20/-10/10/20/50$,或鼠标移动选择。
3	缩放	⬚	设置模型缩放:可以锁定 $X/Y/Z$ 同比例缩放,也可单独某轴缩放;输入缩放比例,快捷选择 0.5/0.8/1.2/1.5/2/3,或鼠标移动选择。
4	视图	◉	设置视图模式:可选择自由视图(标准视图)/顶视图/底视图/前视图/后视图/左视图/右视图。

（续表）

	功能	图标	说　　明
5	显示模式		设置显示模式:可选择线框/实体/线框＋实体/透视。
6	切平面		可以观察 $X/Y/Z$ 方向上相应截面的情况。
7	镜像	▸┃◂	可以分别设置 $X/Y/Z$ 方向上的镜像。
8	自动摆放		将打印模型自动摆放到打印空间。
9	回退	⟲	撤销上一步操作。
10	类别	☰	修复模型(自动修复模型表面)、保存模型(保存模型摆放位置)、重置(回到模型调整前的状态)等选项。

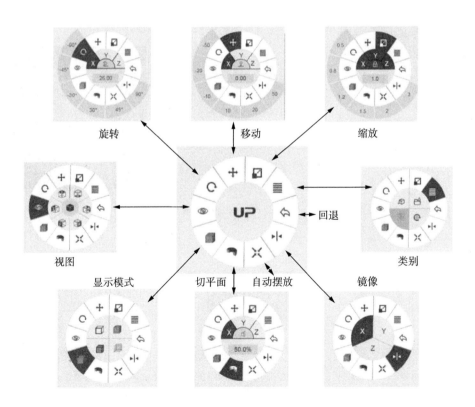

图6-4　模型调整轮功能菜单

将模型导入打印空间后,使用模型调整轮使模型摆放到打印空间中的合适位置,可通过鼠标右键进行模型的复制与删减,查询模型的属性等,做好模型制作准备。

3. 初始化打印机

首次使用 3D 打印机需要进行初始化,点击"⌄",3D 打印机自动回到坐标轴最大位置,建立机床坐标系,构建三维加工空间的相互位置关系。

4. 校准打印机

首次使用、机床位置发生变化、打印过程中发现打印件与地板接触过松或过紧时,均需要对平台进行校准(如图 6-5 所示)。平台校准方法:①使用"自动对高"功能,用于初步设定平台的高度。②使用"手动校准"功能,对 9 个校准点进行调平补偿,使工作台保持水平,提高加工精度和质量。校准时在平台上放置一张校准卡,手动控制平台升降,直到其刚刚触碰到喷嘴(如图 6-6 所示),移动校准卡查看其受到的阻力情况,手动调整校准点的高度(如图 6-7 所示),直至 9 个点全部完成并确认。

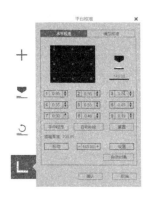
图 6-5 平台校准

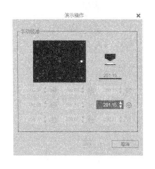
图 6-6 手动校准平台

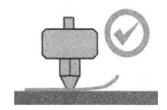
当移动校准卡时可以感受到一定阻力,此时平台高度适中。

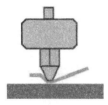
当移动校准卡时阻力很大或不能移动,此时平台过高,需略微降低平台。

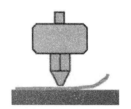
当移动校准卡时无阻力,平台过低,需略微升高平台。

图 6-7 校准卡的使用方法

5. 准备材料及辅助工具

打印前,要通过"维护"选项准备材料和底板等辅助工具。单机"✕"进入"维护"工具使用的菜单(如图6-8所示)。其中"挤出"主要是控制运丝电机将打印的丝材送入加热腔,当喷头挤出当前材料后,完成装料的过程;"撤回"主要是控制运丝电机将现有的材料撤出加热腔,完成取出丝材的操作;"停止"是指随时控制挤出和撤回的操作。换料的操作是先撤回旧丝料,再挤出新丝料。

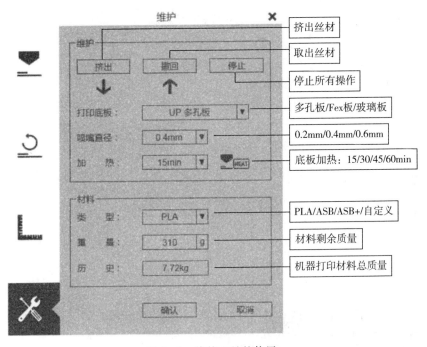

图6-8 维护工具的使用

打印底板可选择多孔板/Flex板/玻璃板;喷嘴直径可选择0.2mm/0.4mm/0.6mm;加热(底板)时间可选择15min/30min/45min/60min;材料类型可选择PLA/ASB/ASB+/自定义,自定义主要是设置加热温度和底板温度;重量显示的是材料的剩余质量,换新丝料时需输入丝料的质量(例如500g);历史显示的是当前机床已打印材料的总质量。

6. 打印参数的设置

打印参数的设置是3D打印加工工艺的核心。在满足产品质量和性能的要求前提下,使用合理的打印参数,可以保证产品的表面质量、节省打印时间和节约打印材料。图6-9所示的是3D打印的主要参数设置,它包括以下内容。

层片厚度:层片厚度越小,分的层数越多,加工质量越好,加工时间越长,可选择0.1mm/0.15mm/0.2mm/0.25mm/0.3mm/0.35mm等选项。

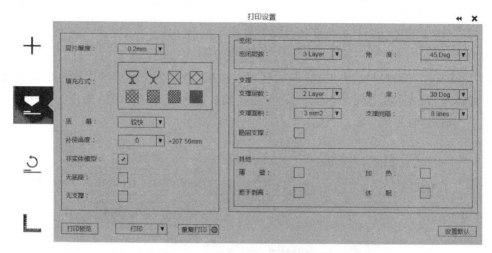

图 6-9　3D 打印的主要参数设置

填充方式:打印产品的内部结构是通过填充的方式进行的,根据使用目的不同可选择外壳、表面、13%、20%、65%、80%、99%等选项,其效果见表 6-2 所列。

表 6-2　3D 打印填充方式

	外壳	表面	13%	15%	20%	65%	80%	99%
图例								
效果								
说明	无填充物,公称壁厚	无顶层和底层,无填充物	大孔	中空	松散	细密	致密	实体

质量:指的是打印质量,该选项是通过打印速度控制来设定的,可选择默认、较好、较快、极快等选项。对表面质量要求较高的,选择"较好";对表面要求不高的可选择"极快";一般选择"默认"。

补偿高度:加工过程中根据喷嘴与平台的接触情况对机床高度所进行的微调。

非实体模型:软件将自动固定非实心模型。

无底座:无基底打印。

无支撑:无支撑打印。

密闭层数:密封打印物体顶部和底部的层数,可选择 2 层、3 层、4 层、5 层、6 层。

密闭角度:决定表面层开始打印的角度,可选择 30°、40°、45°、50°、60°。

支撑层数:选择支撑结构和被支撑表面之间的层数,可选择 2 层、3 层、4 层、5 层、6 层。

支撑角度:决定产生支撑结构和致密层的角度,可选择 10°、30°、40°、45°、50°、60°、80°。

支撑面积:决定产生支撑结构的最小表面面积,小于该值的面积将不会产生支撑结构,可选择 $0mm^2$、$3mm^2$、$5mm^2$、$8mm^2$、$10mm^2$、$15mm^2$、$20mm^2$。

支撑间隔:决定支撑结构的密度,值越大,支撑密度越小,可选择 4 行、6 行、8 行、10 行、12 行、15 行。

稳固支撑:支撑结构坚固难以移除。

薄壁:软件将检测太薄无法打印的壁厚,并扩大至可以打印的尺寸。

加热:在开始打印之前,预热印盘不超过 15min。

易于剥离:支撑结构及工件容易从工作台上剥离。

休眠:打印完成后,打印机进入休眠模式。

打印预览:检查模型的分层情况,完成后显示打印时间和使用材料的质量。

打印:按照设置的参数开始打印,点击"▼"进入高级打印,可以设置暂停位置、槽位、线宽等;点击重复打印,可以选择以往打印的零件。

图 6-10 所示的是打印参数对应的密闭层、填充物、支撑层、底座和平台的相互位置关系。

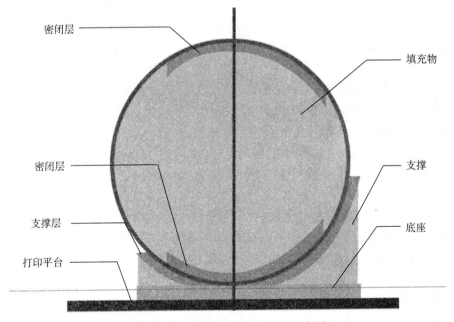

图 6-10　打印参数的相互关系示意图

7. 产品打印及后处理方法

打印时,3D 打印机根据生成的程序,在计算机(单片机)的控制下,喷头按各截面轮廓信息做扫描运动,在工作台上一层一层地堆积材料,各层相黏结,最终得到三维产品模型。打印的过程中要注意材料是否出现断裂、打结等现象,若出现上述情况需要及时处理。

基于熔融堆积成形技术,由喷头挤出的加热材料逐层堆积会在模型表面形成层与层之间连接的纹路。纹理取决于层厚的大小,分层数量的增加将降低打印效率。为了实现较佳的模型外观质量和较短的打印时间,可通过表面处理来实现,处理的主要方法有砂纸打磨、喷丸处理、溶剂浸泡和溶剂熏蒸等。

(1)砂纸打磨

砂纸打磨是利用砂纸摩擦去除模型表面的凸起,光整模型表面的纹路。一般采用 200 目的砂纸粗磨,使得模型表面纹路快速细化;再采用 600~800 目的砂纸半精磨,使模型表面纹路基本消除;最后采用 2000 目以上的砂纸精磨,使模型表面光滑,达到喷漆上油前的要求。砂纸打磨经济实用,因此一直是 3D 打印模型后期表面处理最常用、使用范围最广的技术。

(2)喷丸处理

喷丸处理就是将高速弹丸流连续喷射到零件表面,最终达到抛光的效果。喷丸处理一般比较快,约 5~10min 即可完成,处理过后产品表面光滑,比打磨的效果要好,而且根据材料不同还有不同效果。喷丸处理一般是在一个密闭的腔室里进行的,因此它对处理的对象是有尺寸限制的,处理过程需要用手拿着喷嘴,所以处理效率较低。

(3)溶剂浸泡

溶剂浸泡利用有机溶剂(如丙酮、醋酸乙酯、氯仿等)的溶解性对 ABS、PLA 等材质的 3D 打印模型进行表面处理。将 3D 打印模型浸泡在专门的抛光液中,待其表面达到需要的光洁效果,取出即可。溶剂浸泡能快速消除模型表面的纹路,但要合理控制浸泡时间,时间过短则无法消除模型表面的纹路,时间过长则容易出现模型溶解过度,会导致模型的细微特征缺失和模型变形。另外,也可将抛光液均匀涂抹到 3D 打印模型上进行抛光。

(4)溶剂熏蒸

蒸汽熏蒸是利用有机溶剂对 ABS、PLA 的溶解性来对 3D 打印模型进行表面处理。在容器中对有机溶液加热形成高温蒸汽,均匀地溶解悬在容器中的 3D 打印模型表层的材料(理想溶解层厚度约为 0.002mm),它可以在不显著影响打印模型的尺寸和形状的前提下获得光洁外观。

3D 打印抛光机如图 6-11 所示,控制系统由开关控制、时间控制和温度控制组成,其中带盖的不锈钢内胆和支架是其主要结构。抛光操作基本过程是:①将 20~50ml 抛光液倒入不锈钢内胆中,将待抛光的模型放到支架上,盖上盖子;②打开开关,调节时间为3min ~5min,温度设置在70℃左右,容器内模型表面溶解抛光,熏蒸结束后自动关闭;③将支架取出,待模型风干后,取下模型,模型表面达到将镜面效果,如图6-12所示。

图6-11　3D打印抛光机

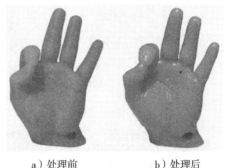

a）处理前　　　　　b）处理后

图6-12　3D打印作品后处理

由于有机溶剂有较强烈刺激性,并有微毒,因此操作过程中要注意做好安全保护工作,如佩戴手套和口罩、在通风条件下进行试验等。

6.2　3D打印的主要工艺分析

虽然3D打印的加工精度不及机械加工要求高,但选择合理的加工工艺可以提高产品的质量。3D打印的加工工艺通过在软件中设置合理的工艺参数来实现,所设置的参数主要有成形方向、层厚、填充密度、打印质量(速度)、密闭参数、支撑参数等。

6.2.1　成形方向的确定

成形方向选择的基本原则是在满足产品质量的前提下,尽可能地减少打印时间和材料的使用量。提高产品质量的因素主要有以下几点:

(1)保证零部件主要结构的尺寸精度,以减少分层等因素引起的误差。图6-13所示的是某轴承座成形方向的比较,其中图6-13a为零件图,图6-13b以背板作为底面放置,图6-13c以底座作为底面放置,图6-13d以底座前表面作为底面放置,图6-13e以轴承孔外侧作为底面放置,图6-13f为打印时添加的辅助支撑。这个零件主要保证的是轴承孔的尺寸精度。基于3D打印的原理,图6-13c、6-13e会造成"阶梯误差",图6-13d产生较多的支撑会造成打印材料的浪费和时间的增加,因此选择图6-13b较为合理。

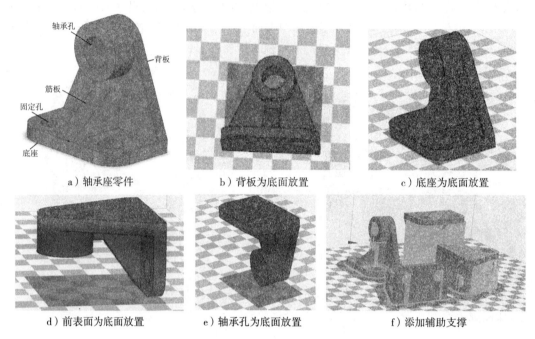

a) 轴承座零件　　　　b) 背板为底面放置　　　　c) 底座为底面放置

d) 前表面为底面放置　　　e) 轴承孔为底面放置　　　f) 添加辅助支撑

图 6-13　轴承座零件及其成形方向的确定

　　(2)保证零部件表面的粗糙度,减少支撑、底面接触等因素引起的误差。图 6-14 所示是某机器人手腕的外壳成形方向的比较。其中图 6-14a 所示成形方向,在内腔会产生大量的支撑,将导致使用更多的材料和更多打印时间;图 6-14b 所示成形方向,虽然内腔打印不需要支撑,节约了打印材料和时间,但外壳表面与打印平台直接接触时将产生辅助支撑,在剥离辅助支撑时,将影响表面质量。考虑到零件的用途,因此选择图 6-14a 成形方向较为合理。

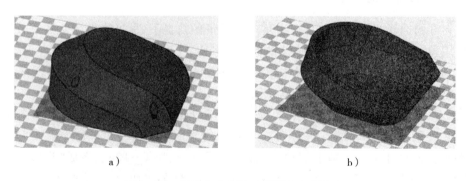

a)　　　　　　　　　　　　　b)

图 6-14　机器人手腕外壳成形方向的确定

6.2.2　打印参数的设置

（1）层厚

在填充密度、打印质量（速度）、密闭参数、支撑参数和打印质量不变的情况下，若仅改变打印厚度，那么加工图6-14a所示零件的结果将见表6-3所列。层厚越小，打印的层数越多，加工时间越长，而使用材料的质量变化不大，实际加工的零件质量就越高。根据打印件的质量要求选择层厚，一般选择0.2mm，既可以保证较好的加工精度，又能节约打印时间。

表6-3　层厚设置对成形加工的影响

序号	层厚（mm）	层数	密闭参数	填充密度	支撑参数	打印质量	加工时间（h）	材料质量（g）
1	0.1	480	3	20%	间隔8行	默认	16.1	75.1
2	0.15	321	3	20%	间隔8行	默认	10.9	79.3
3	0.2	242	3	20%	间隔8行	默认	7.3	79.9
4	0.25	194	3	20%	间隔8行	默认	4.9	81.5
5	0.3	163	3	20%	间隔8行	默认	4.3	85
6	0.35	140	3	20%	间隔8行	默认	3.5	89.5

（2）填充密度

在层厚、打印质量（速度）、密闭参数、支撑参数和打印质量不变的情况下，仅改变填充密度，那么加工图6-14a所示零件的结果将见表6-4所列。填充密度越大，加工时间越长，使用的材料越多，零件的力学性能将得到一定的提升。根据打印件对力学性能的要求，对于力学性能要求一般的，填充密度可以选择20%及以下；对力学性能要求较高的，填充密度可以选择65%及以上。本案例中，由于机器人手腕外壳本身属于壳类（薄壁）零件，改变壳内的填充密度对加工时间和使用材料质量影响较小，如果改为实心零件，填充密度对材料使用和加工时间则影响较大。

表6-4　填充密度对成形加工的影响

序号	层厚（mm）	密闭参数	填充密度	支撑参数	打印质量	加工时间（h）	材料质量（g）
1	0.2	3	13%	间隔8行	默认	7.2	78.5
2	0.2	3	15%	间隔8行	默认	7.2	79

（续表）

序号	层厚 （mm）	密闭 参数	填充密度	支撑 参数	打印质量	加工时间 （h）	材料质量 （g）
3	0.2	3	20%	间隔 8 行	默认	7.3	79.9
4	0.2	3	65%	间隔 8 行	默认	7.6	84.3
5	0.2	3	80%	间隔 8 行	默认	8.3	92.7
6	0.2	3	99%	间隔 8 行	默认	9.1	111.9

（3）密闭参数

3D 打印模型 STL 文件本身就是由连续的封闭曲面构成,密闭参数中的层数就是为封闭模型表面所打印的次数,其与层厚的乘积就是打印模型表面的厚度,例如层厚为0.2mm,密闭层数为3,则模型表面的厚度为0.6mm。一般而言,通常取层数为3～5层,表面厚度0.6～1mm,增加表面厚度有助于提高成形零件的密闭性能。在层厚、打印质量(速度)、填充密度、支撑参数和打印质量不变的情况下,仅改变密闭参数,加工图6-14a所示零件的结果则见表6-5所列。在表面积相同的状态下,增加密闭层数,将增加材料的使用量和加工的时间,但增加幅度较小。

表6-5 密闭参数对成形加工的影响

序号	层厚 （mm）	密闭 参数	填充密度	支撑 参数	打印质量	加工时间 （h）	材料质量 （g）
1	0.2	2	20%	间隔 8 行	默认	7.1	77.4
2	0.2	3	20%	间隔 8 行	默认	7.3	79.9
3	0.2	4	20%	间隔 8 行	默认	7.5	82.3
4	0.2	5	20%	间隔 8 行	默认	7.6	84.6
6	0.2	6	20%	间隔 8 行	默认	7.7	86.8

（4）支撑参数

由于三维零件存在空心结构,因此必须添加支撑结构来有效地避免在层层堆叠过程中可能的坍塌问题。而支撑结构最终是要从实体零件上剥离掉,合理的参数设置和路径规划,可以有效地减少支撑结构使用,从而节约打印材料和打印时间,同时可以提高打印件的表面质量,减少后处理的工作量。在层厚、密闭参数、打印质量(速度)、填充密度和打印质量不变的情况下,仅改变支撑参数,加工图6-14a所示零件的结果则见表6-6所列,通过增减支撑间隔(间隔4行/15行),可以有效地减少近20%的打印时间和材料。设置支撑和不设置支撑参数的效果比较如图6-15所示。

表6-6 支撑参数对成形加工的影响

序号	层厚(mm)	密闭参数	填充密度	支撑参数	打印质量	加工时间(h)	材料质量(g)
1	0.2	3	20%	间隔4行	默认	8.1	92.5
2	0.2	3	20%	间隔6行	默认	7.5	84.1
3	0.2	3	20%	间隔8行	默认	7.3	79.9
4	0.2	3	20%	间隔10行	默认	7.1	77.4
5	0.2	3	20%	间隔12行	默认	7.0	75.7
5	0.2	3	20%	间隔15行	默认	6.9	74

a）不设置支撑

b）设置支撑

图6-15 支撑设置与否比较图

（5）打印速度

打印速度指的是单位时间内喷头扫描的距离。成形零件的质量主要决定于材料种类、材料挤出速度和温度、喷头扫描速度等综合因素,在采用不同的算法以保证打印质量的同时,如何提高打印速度则成为研究人员进行探讨的热点问题。在层厚、密闭参数、支撑参数、填充密度和打印质量不变的情况下,仅改变打印速度,加工图6-14a所示零件的结果则见表6-7所列。选择较好、默认、较快和极快的几种方式,若使用的材料质量不变,则打印时间依次递减。如果对表面质量要求不是很高,则通常选择默认或者较快的方式,以获得较高的速度。

表6-7 打印质量对成形加工的影响

序号	层厚(mm)	密闭参数	填充密度	支撑参数	打印质量	加工时间(h)	材料质量(g)
1	0.2	3	20%	间隔8行	较好	9.1	79.9
2	0.2	3	20%	间隔8行	默认	7.3	79.9
3	0.2	3	20%	间隔8行	较快	6.1	79.9
4	0.2	3	20%	间隔8行	极快	5.4	80.1

6.3 零件的 3D 打印

6.3.1 单个零件打印

1. 零件导入

点击"＋",在添加目录下,选择添加模型 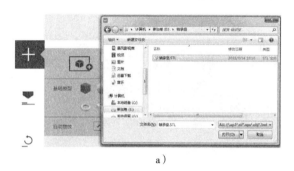,在目录下找到需要打印模型文件,如图 6-16a 所示,打开文件,模型载入系统后,如图 6-16b 所示。

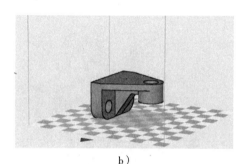

a)   b)

图 6-16 模型的导入

2. 模型调整

通过模型调整轮对导入的模型进行编辑,可以改变其摆放方向、位置,调整大小(缩放),如图 6-17 所示。

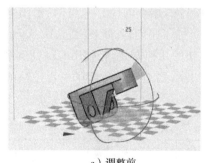 

a) 调整前   b) 调整后

图 6-17 模型的调整

3. 打印参数的设置

根据零件的要求设置打印参数。一般要求的打印参数可以按照下述参数进行设置(如图 6-18 所示):层片厚度为"0.2mm";填充方式为"20%～65%";质量为默认;密闭层

数为"3层",密闭角度为"45°";支撑层数为"3层";支撑角度为"30°";支撑面积为"3mm²";
支撑间隔为"8行"。

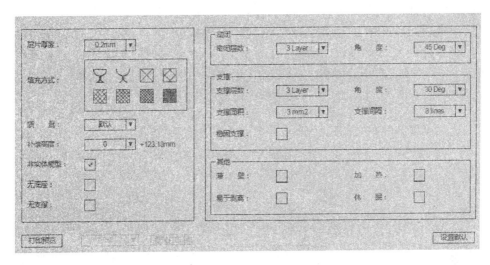

图6-18 打印参数的设置

4. 打印预览

点击打印预览,可以获得打印时的支撑情况(图6-19a所示)、打印时间和打印材料的
质量等信息,并预览打印的过程(如图6-19b所示),通过滚动条可以详细观察每层的打印
情况(如图6-19c所示)。

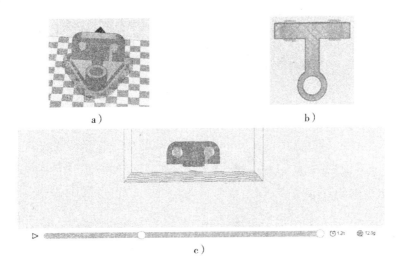

图6-19 打印预览

5. 打印

预览无误后,点击"打印",打印头和底板开始加热(如图 6-20a 所示)。当喷头加热到相应温度后(如图 6-20b 所示),工作台移动,打印开始。打印过程一般是连续的,首先打印基座(如图 6-21a 所示),逐层打印实体和填充部分(如图 6-21b、图 6-21c 所示),直至打印完成(如图 6-21d 所示)。将零件从底板取下,使用工具将支撑材料剥离(如图 6-21e 所示)。在打印过程中,应当注意间隔观察打印机的喷头吐丝状况和零件打印情况,遇到丝料不足、丝料缠绕、喷头堵塞、打印错位等问题应及时处理,以免浪费时间和材料。

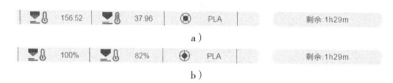

图 6-20 打印状态

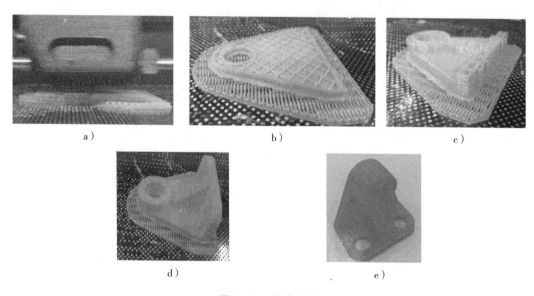

图 6-21 打印过程

6.3.2 多个零件打印

在加工范围内,可以同时打印多个零件,如 6-22a 图所示,将第四章中的梳子和水杯同时输入到控制软件中。如果打印多个相同零件,则可以直接在软件图形区域选择零件,点击鼠标右键,使用"复制"功能直接复制出 N 个零件,如图 6-22b 所示。

每个零件的打印位置、方向、支撑参数等可以单独设置,但打印参数中的层片厚度、填充方式、打印质量等参数是统一的。

a)　　　　　　　　　　　　　　b)

图 6 - 22　多个零件同时打印

第7章
3D 打印误差分析及打印机常见问题处理

为了使 3D 打印机打印出的模型与设计的三维电子模型尽可能地完全一致,就需要对设计及制造过程中可能产生的误差进行分析,并有针对性地进行改进。

7.1 3D 打印误差分析

3D 打印过程中会因为各种原因造成三维实体模型与电子模型之间存在一定的偏差。对打印过程中产生的误差可分为三类,即数据处理误差(模型建立误差、格式转化误差、分层参数误差)、成形加工误差(机械误差、材料变形、加工环境)、后处理误差(去除支撑、表面处理)等,如图 7-1 所示。

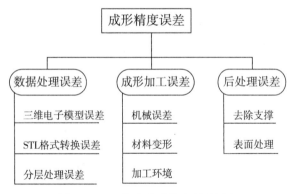

图 7-1 3D 打印成形精度误差因素

7.1.1 数据处理误差

1. 三维电子模型误差

无论是采用 CAD 软件正向设计的三电子维模型,还是采用各种三维扫描工具逆向工程得到的三维电子模型,其本身就是对各类曲面的数字化表达,因此这种对三维实体模型的近似化是客观存在的,而三维电子模型的尺寸精度直接决定最终产品的尺寸精度。图 7-2 所示的是三维电子模型和打印实体的比较。

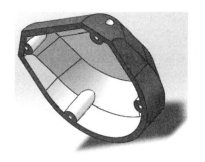

图 7-2　3D 打印的三维电子模型和打印实体

2. STL 格式转换误差

由于三维电子模型的获得方法不同,使用的建模软件也不一样,3D 打印技术与三维建模技术之间采用的数据交换格式首选 STL。STL 文件是用三角形面片来表现 CAD 模型的格式,是利用小三角形面片结构组合起来近似所建的三维 CAD 模型外轮廓。格式转化的实质就是将连续的三维 CAD 模型表面离散为众多三角形面片的集合,三角形面片越小、面片数量越多,则精度越高;但是要用众多三角形面片完全拟合原有表面是不可能的,拟合误差总是存在。图 7-3 所示的是不同大小三角形面片对模型精度的影响。其中图 7-3a 使用的是较大的三角形尺寸划分,会使圆弧的形状产生严重失真;图 7-3b 使用的较小三角形尺寸能很好地拟合圆弧的形状,但过小的三角形尺寸划分则会造成数据量的几何倍增。因此要根据打印三维模型精度和工艺条件选择适当的精度,将各类文件转化为 STL 格式。表 7-1 所列的是常用三维建模软件格式转换方法。

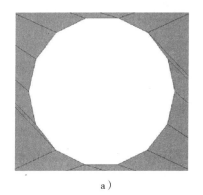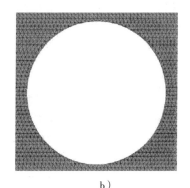

a)　　　　　　　　　　　　　b)

图 7-3　不同大小三角形面片对模型精度的影响

表 7-1 常见三维建模软件 STL 格式转换方法

三维建模软件	STL 格式转换方法
SolidWorks	(1)File→Save As→选择文件类型 *.STL; (2)Options→Resolution→Fine。
AutoCAD	(1)前提条件:输出模型必须为三维实体,且 XYZ 坐标轴都是正值; (2)在命令行输入命令"Faceters"→设定其值为 1~10 的某一值(1 为低精度,10 为高精度)→输入 STL OUT→选择实体→"Y"输出二进制文件。
Cero(Pro/E)	(1)File→Export→Model;或 File→Save a copy → *.STL; (2)设定弦高为 0(系统会默认最小值); (3)设定 Angle Control(角度控制)为 1。
Rhino	File→Save As(*.STL)
Unigraphics(UG)	(1)File→Export→Rapid Prototyping→设定类型为 Binary(二进制); (2)设定 Triangle Tolerance(三角误差)为 0.0025; (3)设定 Adjacency Tolerance(邻接误差)为 0.12。
Inventor	(1)Save Copy As(另存复件为)→选择 STL 类型→选择 Options(选项); (2)设定为 High(高)。
I-DEAS	(1)File(文件)→Export(输出)→Rapid Prototype File(快速成形文件)→选择输出的模型→Select Prototype Device(选择原型设备)→SLA500.dat; (2)设定 absolute facet deviation(面片精度)为 0.000395→选择 Binary(二进制)。

现代计算机数据处理能力极大地提高,科研人员对转化算法的不断优化,使 STL 文件在转化过程中精度损失大幅度减小,而且由于受 3D 打印机成形原理和工艺的限制(加工精度在 0.2mm 左右),无须过于追求提高 STL 文件的精度,因为文件转化对最终的产品成形精度影响不大。

3. 分层处理误差

对 STL 格式的三维电子模型进行分层,一般来说都是对 Z 方向上进行等分,获得 X—Y 方向上的截面轮廓,两个相邻的截面之间的距离就是分层厚度。分层后,模型表面整体性被打破,层与层之间的关联信息将丢失,产生分层处理误差。分层处理误差主要有分成方向尺寸误差和阶梯效应误差两个方面。

(1)分层方向尺寸误差

在分层方向(Z 方向)上对模型按照设置的层厚分成若干等份,如果模型的尺寸不能被整除,则该向尺寸将出现误差,通常处理规则是:最后一层剩余厚度小于 0.5 倍层厚时,系统将忽略该剩余厚度;剩余厚度等于或大于 0.5 倍层厚时,系统将增加一层分层数目。例如打印 10mm 高的正方体时,分别采用 0.1mm、0.15mm、0.2mm 和 0.3mm 的分层参数进行分层,零件将被分为 100 层、67 层、50 层、33 层,对应打印出的零件高度(Z 方向的尺寸)为 10mm、10.05mm、10mm、9.9mm。

分层厚度对分层方向误差起着关键的作用,选择合适的层厚,使模型正好能够分配完成,才能有效地避免这种误差。

(2)阶梯误差分析

在切片分层处理后,相邻两层的实际的边界轮廓往往不一致,但是 3D 打印机在加工模型的过程中,实际上打印的是上层截面信息构成一个层厚的柱体,这个截面与下层截面之间构成一个台阶,称为"阶梯效应"(如 7-5 图所示),由此产生的误差就是阶梯误差。层厚越大,曲率越大,斜率越小,阶梯效应更加明显,零件成形精度则越差。

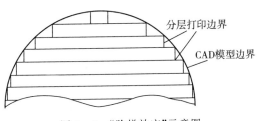

图 7-4 "阶梯效应"示意图

阶梯误差属于原理性误差,无法避免,只能尽可能地减小误差。主要的方式是通过调整零件加工方向减少阶梯误差的影响,即零件重要的结构尽可能地不要放在 Z 向上。例如 7-5a 所示轴承座,对于轴承座上的轴承孔,因其是主要保证尺寸,因此轴承座要选择图 7-5b 的方式进行摆放。

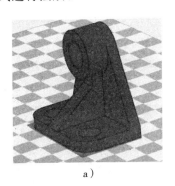
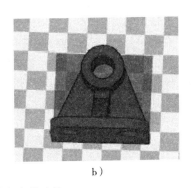

a)   b)

图 7-5 成形方向的选择

7.1.2 成形加工误差

在打印过程中,由于机器误差、材料的收缩和加工参数的设置等都会影响最终零件的加工质量。

1. 机器误差

3D 打印机一般采用的都是开环控制系统,在打印过程中由于机器原因,执行机构、传动结构都可能产生不可避免的误差。3D 打印机采用步进电机驱动,在执行过程中可能产生丢步现象,X-Y 平面采用同步带可能会产生一定的形变,这些问题都会对零件的尺寸产生影响。打印机在加工各截面时,反复的加速、匀速、减速、转向等运动,由于惯性力的作用,因此在零件边缘部分也会造成一定的尺寸误差。

要保证 3D 打印机的制造精度,打印时需要定期调整水平和喷头高度,使定位误差控制在一定范围内。改进算法、减少打印头的质量均可以有效减少误差。

2. 材料收缩误差

在 3D 打印过程中,材料经历了"固体-熔融态-固态"两次相变,因而产生收缩或者膨胀,导致出现模型的变形、翘曲和模型裂纹等现象。为了减小材料收缩对成形零件的影响,一方面可以改进材料配方和工艺来减小材料的收缩率;另一方面可在打印过程中进行尺寸补偿,即根据数学模型在 X 方向、Y 方向和 Z 方向分别采用适当的补偿,使得打印件尺寸在最终成形后能够实现收缩的模型与三维电子模型一致。

3. 加工参数的设置误差

在 3D 打印过程中,材料从固态到熔融态最终被挤出这个过程会受到喷嘴温度、喷嘴直径、扫描速度、送丝速度、材料收缩性等各种因素的影响,因此设置合理的参数,是保证成形零件尺寸精度和表面质量的关键。

(1)打印速度控制

喷嘴的扫描速度和材料的挤出速度相互配合应当一致,材料堆积均匀,则成形质量好。如果喷嘴的移动速度过慢时,会造成材料在一个位置堆积,影响模型的成形精度,严重时会造成喷嘴堵料,不及时清理可能造成机器的损坏,如图 7-6a 所示;如果喷嘴的移动速度过快时,喷嘴挤出材料不足,那么将导致材料的填充不足,模型中会有大量"空洞",影响模型的力学性能和表面质量,如图 7-6b 所示。

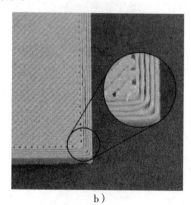

a) b)

图 7-6 喷嘴的扫描速度和材料的挤出速度配合关系

（2）打印温度控制

3D 打印机喷头温度影响材料的黏度和流动性，决定了丝料的流量、宽度和质量。如果喷嘴的温度过高，材料的黏度降低，丝料成流态，熔融丝料在重力作用下不受控制地流出，那么就无法对丝料挤出进行精准控制；同时由于丝料温度过高，还可能融化上一层仍未冷却的材料，这将导致成形质量降低，甚至造成坍塌破坏。如果喷嘴的温度过低，材料的黏度较高，流动性降低，则会导致材料的挤出困难，甚至堵塞喷嘴。一般 3D 打印材料都标记了适合的打印温度范围，应根据实际情况选择合适的喷头温度，并在喷嘴处用风扇等进行降温冷却，以保证成形件的质量。

（3）喷嘴直径

喷嘴的直径（常用 0.2～0.4mm）将影响挤出材料的宽度，造成实际加工轮廓线与理想轮廓线有误差，如图 7-7 所示。如果喷嘴直径大，材料的宽度大，那么导致喷嘴实际填充路径超出模型边界；如果喷嘴直径小，材料的宽度小，那么导致填充的时间变长，影响模型的成形时间。

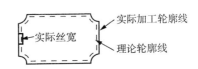

图 7-7　喷嘴直径引起的误差

为了减少由于喷嘴直径引起的误差，通常在切片软件中，对三维建模的 STL 文件进行数值补偿，补偿值为喷嘴直径的一半。

（4）填充参数

在模型成形过程中，除了打印每层的轮廓外，还需要在内部填充材料。不同的填充方法会影响打印模型的机械性能、应力分布以及外形尺寸等。

7.1.3　后处理误差

3D 打印完成的零件一般有三部分组成：底座结构、支撑结构、实体结构。3D 打印加工后处理主要包括底座、支撑结构的剥离和对实体结构原型进行修补、打磨、装配、抛光和上色等工序。在这个过程中会发生的误差主要有以下两点：

（1）支撑结构误差。三维零件在成形过程中不可避免地使用支撑结构，当打印完成后，必须使用工具手工剥离，方能获得实体零件，如图 7-8a 所示是茶壶零件打印完成时的状态，图 7-8b 所示是茶壶零件剥离支撑后的状态。无支撑结构或支撑结构间距大将会造成三维零件坍塌，以致成形失败；支撑结构间距小将会增加加工时间和浪费材料。设计合理的支撑结构对提高生产效率和减小后处理误差具重要的作用。

（2）在去除支撑后为了能够获得更好的外观质量，有时需要对外表面进行抛光、修补、上色等工序。这些工序一方面可以提高加工件的表面质量，另一方面也可以使加工件更加美观。如果处理不当就会影响加工件的尺寸精度和形状精度。

a)

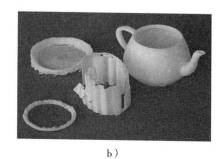
b)

图 7-8 茶壶模型支撑材料的剥离

7.2 3D 打印机常见问题处理

7.2.1 喷嘴的检查和清理

3D 打印机工作一段时间以后,由于材料的碳化以及改变材料时加热不充分等原因,会造成喷头堵塞,影响丝材正常挤出,因此要通过观察喷出丝材的表面质量、测量尺寸来判断喷嘴的情况。如果丝料直径为 0.4mm(喷嘴的口径)且表面光滑,则喷嘴工作正常;若果丝料直径明显小于 0.4mm 或表面粗糙,则喷头内杂质较多,需要进行喷嘴清理。

3D 打印机的喷嘴清理过程如下:

(1)撤出丝材

在控制软件的"维护"菜单下,选择"撤回",喷头进入加热状态,待温度达到相应温度后,丝料后退,直到撤出完成。

(2)拆卸喷嘴

丝料撤出完毕后,用专用碰嘴扳手顺时针旋转卸下喷嘴。由于碰嘴温度很高,操作时请戴好隔热手套,切记不要用手直接触摸喷头。

(3)清理喷嘴

用镊子夹持喷嘴(如图 7-9a 所示),当用酒精灯加热喷嘴到一定时间,堵塞在喷嘴处的大部分丝材和杂质将挥发到空气中。挥发时火焰呈黄色状态。黄色火焰消失后,此时使用钢针(使用的钢针规格略小于碰嘴直径,如 0.4mm 喷嘴,可使用 0.35mm 钢针)进一步疏通残留在碰嘴处的杂质,如图 7-9b 所示。

(4)喷嘴安装

用喷嘴扳手逆时针旋转喷嘴,使之固定在喷头上。

a）加热喷嘴

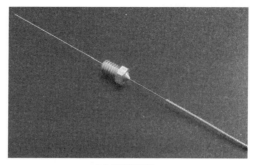
b）疏通喷嘴

图 7-9　喷嘴的清理

7.2.2　常见问题的处理

　　3D 打印机在使用过程中，经常会遇到诸如丝材不能挤出、检测不到打印机等一些小问题，表 7-2 列举了其常见问题及处理方法，可以根据其具体情况排除故障。如遇特殊故障还可以联系厂商售后人员协助处理，避免损坏设备。

表 7-2　3D 打印机常见故障处理方案

问　　题	处理方案
打印机无电	检查打印机电源及开关。
检测不到打印机	(1)检查打印机和计算机连接是否正确（USB/WiFi）； (2)重启打印机或计算机，重新打开 UP Studio 软件； (3)确认打印机驱动正常。
丝材不能挤出	(1)从打印头抽出丝材，切断熔化的末端，然后将其重新装到打印头上； (2)塑料堵塞喷嘴，替换新的喷嘴，或移除堵塞物； (3)轴承和送丝机之间的间隙过大，调整间隙； (4)对于某些模型，如果 PLA 不断造成问题，切换到 ABS。
打印头和平台无法加热至目标温度或过热	(1)检查打印机是否初始化，如果没有初始化，则初始化打印机； (2)如果加热模块损坏，则更换加热模块； (3)如果加热线损坏，则更换加热线。

第 8 章
互联网＋3D 打印

随着信息技术与网络技术发展，如今消费者利用"互联网＋"可以快速地从全球范围内得到自己想要的个性化和多样化的消费产品，网络购物、网上银行、网上教育、网上医疗等网络应用技术在不断改变人们的生活方式。"互联网＋"就是利用信息通信技术以及互联网平台，充分发挥互联网在社会资源配置中的优化和集成作用，将互联网的创新成果深度融合于社会经济的各领域之中，提升全社会的生产力和创新力，推动经济形态不断地发生演变，形成更广泛的以互联网为基础设施和实现工具的经济发展新形态。《中国制造2025》提出的"发展基于互联网的个性化定制、众包设计、云制造等新型制造模式，推动形成基于消费需求动态感知的研发、制造和产业组织方式"为互联网与制造业融合发展路径指出了明晰的方向。

8.1 3D 打印云平台

8.1.1 互联网＋3D 打印制造理念

1. 互联网＋工业

"互联网＋工业"即传统制造业采用移动互联网、云计算、大数据、物联网等信息通信技术，改造原有产品的研发和生产方式。目前制造行业的外部环境发生了本质的变化，企业直接面对全球性的技术、市场、人力等资源的竞争，传统的以产品为特征、区域经济为主导的资源相对集中的企业组织结构虽然仍具有性价比的优势，但是面对快速多变（诸如多品种、小批量、快速生产等）的个性化市场需求，跨区域的生产与经营活动越来越多，因此需要具有快速响应机制的网络制造模式进行制造和再制造的过程，要通过不断更新产品来提升技术与服务的含金量，也就是说，传统制造业要快速地向利用网络技术的现代制造业转变。

现代制造业也需要不断地消化和吸收以信息化为代表的先进制造技术,让以网络技术与制造技术相结合的网络制造系统不断突破空间和地域的限制,协同共享各类信息资源,使其覆盖产品整个生命周期(包括产品的研发、设计、生产、市场、销售、服务、管理等),高速度、高质量、低价格地为市场提供所需的产品和服务,取得更加显著的经济和社会效益。

网络制造是企业利用计算机网络深入生产经营活动的各个环节,诸如充分挖掘市场信息、寻求合作伙伴进行项目的研究与开发、产品的设计与制造,建立分销网络、在线客服等,充分利用资源共享平台实现跨地域协同设计制造和远程监控与服务能力,以便提高企业的快速响应和应变能力。随着互联网的发展,企业传统的集中生产和层级传播模式将逐渐失去存在的基础,开放性、个性化、网络化和服务化将成为新的时代特征。

2. 互联网＋3D 打印系统

3D 打印技术的出现颠覆了传统的加工模式,3D 打印设备相当于一个有完备机械制造能力的加工厂,人们可以在一台设备上加工出任意复杂形状的零件,完全克服了原有制造模式下对各种加工、管理信息的衔接。将众多独立的 3D 打印设备通过互联网或物联网连接起来,在提供了 CAD 设计文件后,无论设备在任何地方(工厂、学校、家庭),都可以通过合理的生产组织方式调动起来协同制造。互联网＋3D 打印系统如图 8-1 所示。

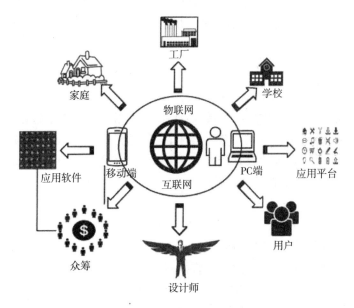

图 8-1　互联网＋3D 打印系统模型

互联网＋3D 打印解决了在图纸、设计、打印机、制造等四个需求方面存在的矛盾(如图 8-2 所示):①普通用户无法获取可打印的三维图纸与设计师闲置的可打印的三维图纸之间的矛盾;②企业(个人)的三维设计需求得不到解决与设计师丰富的设计经验没有共享渠道之间的矛盾;③企业(个人)购置的 3D 打印机闲置率高与企业(个人)的产品研发、个性定制需求得不到满足之间的矛盾;④创客企业对接模具生产企业管理成本高与模具制造企业生产开工不足、转型压力大之间的矛盾。

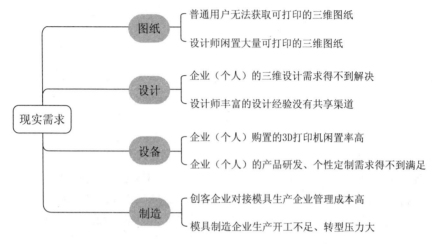

图 8-2 互联网+3D 打印解决需求矛盾

8.1.2 3D 打印生产组织方式

合适的生产组织方式是指随着互联网的发展而逐渐兴起的基于互联网的众需、众筹、众创、众包等新型商业运营和生产组织模式,如图 8-3 所示。众需是指首先个人发起的需求集成为大家的需求,将小订单集合成大订单;众筹是指类似"团购+预售"的形式,筹集生产所需的资金;众创将众多的设计资源(创客)集成,完成优化设计;众包是指将产品的制造任务分散给各专业性制造企业,协同生产。

(1)众需与众筹阶段

用户(产品的提供者和产品的使用者)在平台上发布具体的需求信息,有明确需求的用户即可直接进入众筹阶段,用"团购+预购"的方式,募集项目资金。如果筹资项目在发起人预设的时间内达到或超过目标金额,将按照参与众筹的用户数量进行生产任务分配,如果预设时间内未达到目标金额,需要对策略进行调整,如转化为小众或个性化需求等,根据用户的意向要通过设计师设计成具体产品,则进入众创阶段。

(2)众创阶段

众创的实质是通过云平台将复杂的设计任务通过平台分散给创客们共同设计。发起用户可在平台上发布需求(创意)信息,由多名设计师设计成具体产品,在平台上征求大众的意见,通过投票等方式对设计方案进行选择,对于中选方案修改后,即进入众筹阶段,同时支付设计师的设计费。如果在预设时间内达到众筹目标金额,于是进入众包阶段;如果在预设时间内未达到众筹目标金额,则征求发起人和设计师的意见,继续众筹或调整目标金额。

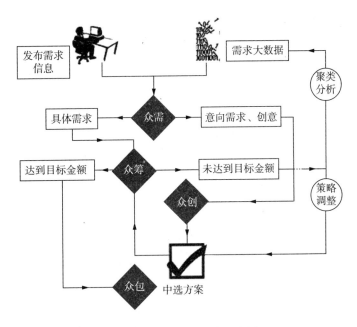

图 8-3　生产组织方式示意图

（3）众包阶段

利用数据挖掘和优化算法得出能满足客户要求的最优工作流,将全部制造任务分解为基本的工作单元,在平台上发布,分包给有能力承担的企业（个人）领取任务并获得报酬,有效地将各个分散的专业制造资源整合成为一个虚拟的、力量无穷大的综合企业,共同完成产品的加工制作任务。

8.1.3　3D 打印云平台体系构架

针对互联网＋3D打印在用户管理、云打印服务、创意需求发布、资源注册发布、创意设计服务管理、云平台交易管理、业务信用评估与分析等方面的需求,3D打印云平台体系（如图 8-4 所示）的构建应包括八层结构:①资源层通过汇聚 3D 打印生产服务商、设计师、3D 软件、金融服务、物流配送等各类资源,覆盖从需求→创意设计→专业设计→打印制造→物流配送等整个服务过程;②基础支撑层为云平台提供运行基础支撑环境,包括数据存储资源、网络资源等;③平台集成运行环境层是提高平台运行效率与安全的关键层,提供服务质量、安全管理、运行监控等基本工具集;④持久化服务层是位于数据库与模型对象间的中间层,对数据、服务、流程逻辑进行持久化存储,对存储在数据库中的业务对象提供编程接口;⑤3D 打印云服务平台需开发一系列引擎,为云平台管理工具的研发提供基层支持,包括 3D 互动设计、产品在线浏览、模型智能检测与修复、创意交易撮合、交易结算、负载均衡、任务管理资源调度、模型数据保护和平台主体信用评估等引擎;⑥工具层为平台用户提供友好人机交互应用服务,包括在线创意设计工具、云打印工具、创意需求发布工具、创意出售工具、商城选购工具等;⑦访问层是用户与平台交互操作的终端接入层,支持 PC 机、移动终端、专用终端及其他终端的接入;⑧用户层是用户与系统间信息交互的窗口,是实现个性化服务的媒介。

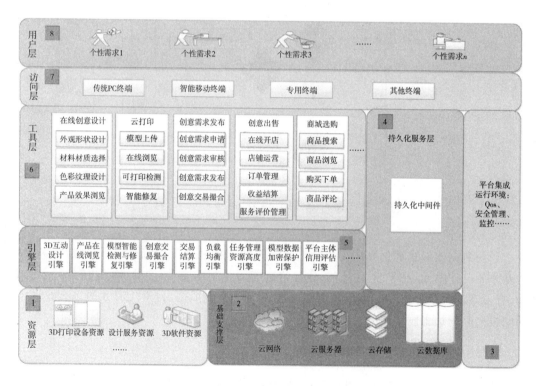

图 8-4 3D 打印云服务平台体系架构图

基于上述平台体系架构理念为企业(个人)用户、产品设计工程师、3D 打印设备制造商、3D 打印服务商等客户群体,构建了集 3D 数据处理服务、创意产品设计、制造、展示、销售于一体的 3D 打印云服务平台。目前国内已有企业建立了类似服务平台,如海尔集团开发了面向高端家居家电产品个性化定制的天马行空网(http://www.tmxk3d.com),如图

8-5 所示。上海云典信息技术有限公司运用云创 3D 网(http://www.yc3d.com/)为用户提供 3D 打印服务涵盖几乎全部现有的 3D 打印工艺和材料,如图 8-6 所示。

图 8-5　天马行空网(http://www.tmxk3d.com)

图 8-6　云创 3D 网(http://www.yc3d.com/)

8.2　3D 打印与个性化定制

8.2.1　个性化定制基本概念

个性化定制是指用户介入产品的生产过程,用户获得自己定制的个人属性强烈的商品或获得与其个人需求匹配的产品或服务。定制经济最早出现于农业社会,当时手工业中存在着最简朴的定制形式,量体裁衣成为这一定制时期的代名词。现代意义的个性化定制来源于法国高级时装定制(1858 年世界上第一家符合"Haute Couture"概念的时装店于出现在巴黎街头),一举成为"高端""大气""上档次"的代表。随着信息技术和制造技术的不断发展,新型个性化定制成为互联网时代最具影响力的商业模式之一。

8.2.2 个性化定制的类型与演化路径

Wind and Rangaswamy 从营销和业务两个维度对定制模式进行解析(如图 8 - 7 所示),认为客户化定制是从客户的视角进行营销的重新设计,大规模定制是在生产侧的 IT 密集型,而客户化定制则是营销侧的 IT 密集型。PineII 将大规模定制细分为合作定制、适应性定制、装饰性定制和透明化定制。如果企业产品的设计是由公司员工与客户共同完成,那么这种定制模式就属于合作定制,如 Paris Miki 公司、尚品宅配;如果企业提供一种满足所有人需求的产品,或消费者能按需选择功能,那么这就是适应性定制模式,如吉利感应剃须刀;如果企业基于标准化产品进行不同的外观设计,那么就属于装饰性定制,如个性化的体恤;相反,如果企业提供的产品外观标准化但内部功能不同,则属于透明化定制,如 Ritz - Carlton 公司。

如果从历史的角度观察制造模式的演化,那么自 19 世纪中叶以来企业已经经历了手工制造、大规模生产、精益生产、大规模定制和个性化定制等模式(如图 8 - 8 所示)。与大规模定制相比,个性化定制模式的消费者参与度更高,他们有着影响并参与产品设计的强烈意愿,能够与企业进行联合创造和协同设计,并从一开始就参与到创新的快速迭代、双向创造和设计中。个性化定制模式可能是定制模式演化的下一个阶段,但从整个工业生产与制造模式的演化进程看,不同的生产制造模式可能是并存的,而非绝对单一的线性变迁。

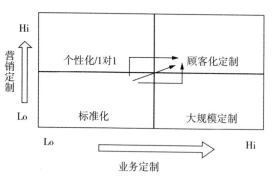

图 8 - 7　定制模式分类

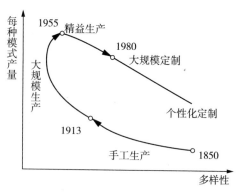

图 8 - 8　制造范式的演化

8.2.3 基于 3D 打印云平台的个性化定制

3D 打印云服务平台运用 3D 打印技术、互联网、大数据和云计算等先进技术,建成一个开放的 3D 打印产业生态圈来满足消费用户个性化定制的需求,如图 8-9 所示。普通消费用户可以直接选择符合自己需求的已有 3D 产品模型,或者通过平台上提供的易用设计软件完成自己的个性化创意设计,甚至可以在平台网站上找到专业设计师帮助自己实现创意设计。设计师可以在网络平台上出售自己的创意设计并按特定比例提成,也可以与消费用户沟通交流,进行创意的更改和完善。3D 打印生产服务商则通过 3D 打印技术制造出满足用户需求的个性化商品,并配送到用户手中。

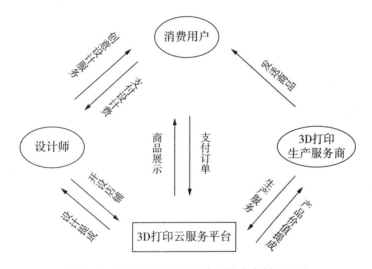

图 8-9 3D 打印云服务平台个性化定制流程图

北京盛培天泽网络科技有限公司旗下的载物网(如图 8-10 所示)是一个借助 3D 打印技术来实现一切属于自己的定制产品的造梦空间,消费者可以将自己的想法私人订制化,并通过设计师团队以及 3D 打印技术加以实现。在教育部产学合作育人项目的指引下,2016 年以来载物网与全国几十所高校开展了"互联网+"背景下 3D 打印教学内容和形式的改革、师资培训和基地建设等工作,推出了"互联网+3D 打印创新实践教学系统"——Cofounder 2.0,将 3D 打印课程与互联网相结合,利用载物网和软件平台实现教学与真实市场的互动,从而提高学生的创新意识和创业能力,现已取得丰硕成果。

8.2.4 3D 打印个性化定制案例——服装

3D 打印技术以个性化的产品设计和独特的加工工艺为服装设计的创意带来了新的

图 8-10 载物网(https://www.zaiwoo.com/)

动力,国内外的设计师纷纷开始采用 3D 打印技术生产服装、鞋、帽、眼镜、皮带等,为服装定制的发展提供了新的机会,必将对服装产业的发展产生了重要的影响。

国际上服装定制普遍遵循的流程是量体、设计、试样、制作、试穿、细节修正、再试穿、整理交货等,这一流程耗费时间长,所以定价普遍昂贵,而且由于地域的限制,消费者可以享受的个性化服务也备受限制。3D 打印技术与服装的结合是从三维设备扫描人体或者输入数据建立人体模型开始的,然后是设计师和消费者共同对服装进行三维设计,一旦选择合适的打印材料后,即可用 3D 打印机制作服装,在组装及对成品整理和检查后即可交货,整个过程所需要的时间较短,并且能让消费者的个性得到充分的体现。数字化的设计数据可以反复使用和网络共享,突破地域限制,实现国际化的服装定制服务。图 8-11 所示的是传统定制与 3D 打印技术定制服装的流程对比。

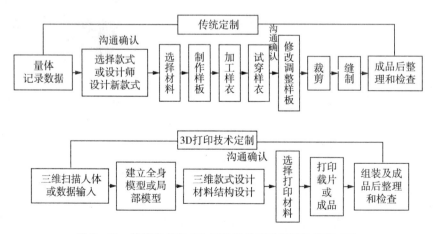

图 8-11 传统定制与 3D 打印技术定制服装的流程对比

被誉为"3D 服装打印女王"的荷兰设计师 Iris van Herpen,2010 年以来,所设计的 3D 打印服装,从材料、结构到色彩等方面都给观众带来了不一样的视觉冲击(如图 8-12 所示)。

a)2011 年春夏作品

b)2015 年春夏作品

c)2016 年秋冬作品

d)2018 年秋冬作品

图 8-12 "3D 服装打印女王"Iris van Herpen 的部分作品

在 2014 年青岛时装周上,青岛尤尼科技有限公司带来了一款可以打印多种材料,可实现服装打印、模特模具打印、鞋帽打印和配饰打印的多功能 3D 打印机,其打印的作品如图 8-13 所示。如图 8-14 所示则是在 2018 亚洲 3D 打印和增材制造展览会上,某公司展出的一组样式各异的 3D 打印服装。

在第一次世界大战以前,传统制鞋的方式就是手工艺制作。随着工业革命的兴起,鞋的生产被推上了机器制造的生产线。当时设计鞋模是通过对油泥的手工雕刻进行制作的，因此制模耗费时间较长且不精确，而且还不能完全为设计师的创作思想提供实现的渠道。采用 3D 打印技术为鞋类设计制造提供了新的解决方案，其一般设计制造过程如图 8－15 所示，具体形象设计与制作过程如图 8－16 所示。

图 8－13　2014 年青岛时装周　　　　图 8－14　3D 打印的各式服装

图 8－15　基于 3D 打印技术的鞋类设计制造一般过程

匹克公司将 3D 打印技术完全融入运动鞋设计中，它推出了轻量、透气、软弹的品牌"FUTURE"，完美适应跑步运动需要，其鞋底设计的灵感来源于鸟类骨骼。类似鸟类骨骼的参数化支撑结构是真正实现将 3D 打印技术和自然仿生形态相结合，而 3D 打印鞋面束紧网专为跑步定制，为足部提供舒适的包裹感（如图 8－17 所示）。NIKE 还专门为世界上跑得最快的马拉松选手 Eliud Kipchoge 设计并用 3D 打印技术定制了一双 Zoom Vaporfly Elite 运动鞋，如图 8－18 所示。

在眼镜制造行业，Stratasys 公司于 2017 年在 TCT 伯明翰发布了新的眼镜快速原型解决方案，它在多色、多材料的 3D 打印机上使用全新 Vero Flex 材料进行设计制作，不同的色彩、透明度和纹理效果以及不同的几何形式自由组合（如图 8－19 所示），与传统的设计和制造相比，眼镜开发和生产周期减少了 15 个月。2017 年 8 月我国工业级 3D 打印领航企业华曙高科联手美戴科技，将三维扫描、人脸识别、虚拟试戴和 3D 打印相结合，在长沙海信广场首发最新"私人定制系列"眼镜，如图 8－20 所示。

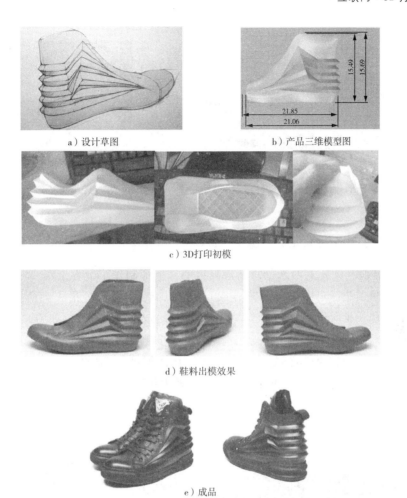

a）设计草图   b）产品三维模型图

c）3D打印初模

d）鞋料出模效果

e）成品

图 8-16　采用 3D 打印技术的鞋类产品的制作过程

图 8-17　匹克设计制作的
3D 打印运动鞋

图 8-18　NIKE 为马拉松选手 3D 打印定制的运动鞋

图 8 - 19　Stratasys 公司发布的 3D 打印眼镜　　　图 8 - 20　私人订定制 3D 打印眼镜

8.2.5　3D 打印个性化定制案例——首饰

　　15 世纪,奥地利大公麦西米伦聘请最高级的珠宝师制作了世界上第一枚钻戒(如图 8 - 21 所示),俘获了法国玛丽公主的芳心;20 世纪 50 年代,温莎公爵夫人所佩戴的豹形胸针、手链、项链和长柄眼镜等突出她个人风格的饰品给人留下了印象(如图 8 - 22 所示),这类高端"首饰个性定制"的市场规模较小,但价格昂贵。目前首饰市场的主流是企业将首饰分解成不同的模块化组件,然后重新进行多样化搭配,用有限的选择权满足消费者差异化需求。这个市场虽然庞大,价格较为低廉,但是无法按照消费者的意愿定制,人们对饰品的个性化需求受到抑制。

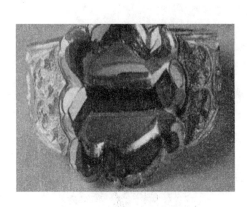

图 8 - 21　玛丽公主的钻戒　　　　　图 8 - 22　沃丽思的胸针

　　3D 打印技术的运用对首饰个性化定制的需求、设计、制作加工、销售过程和售后服务等过程均进行了重塑,它大幅度提高了生产效率,降低了生产成本。通过智能化设计,实现规模化的个性定制,可以用批量产品的价格生产单件、小批量的首饰,从根本上满足大众消费者对个性化定制首饰的需求。在 3D 打印的首饰个性化定制过程中,消费者可以主动地参与到饰品的创意设计中,将自己的想法融入首饰的创作中(如图 8 - 23 所示),消费者还可以借助平台或手机 APP 进行虚拟试戴,事先体验首饰成品的穿戴效果(如图 8 - 24 所示)。个性化首饰的定制设计完成后,即可将设计图纸文档发送至珠宝智能工厂,完成加工制作。3D 打印介入首饰制造过程(如图 8 - 25 所示),主要体现在起版和铸造两个环节的优化:①电脑起版代替手工起版,有效地减少出错率高的起版环节,节约时间、减少浪费,从而提高制作效率。②3D 打印直接制作模具,节省了传统工艺中模具设计与制作的费用,直接降低单件生产的成本。

图 8 - 23 用户参与首饰的个性化设计

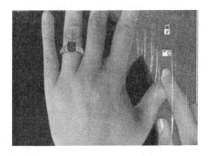

图 8 - 24 采用数字化技术进行虚拟试戴

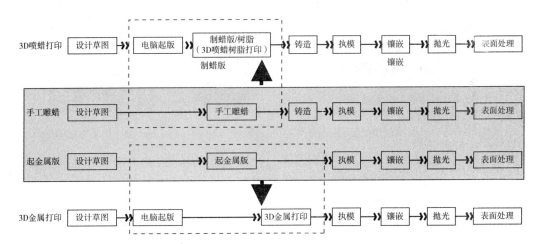

图 8 - 25 3D 首饰打印与传统首饰制作方法对比

3D 打印技术还带来了个性化设计新设计的实践:①大大减少了工艺水平对设计理念的局限。设计师汲取自然界的美和几何构造,自由地创作复杂几何形态的多种组合。②

充分拓展了设计与表达的空间。首饰的设计不再局限于作品的宏观外在形态,内部空间形态和纹理都能渗透艺术家的设计意图,成为单独的意象载体。③对材质的应用进入新的阶段。金属、陶瓷、玻璃等 3D 打印的材料越来越丰富,未来不同材质的结合形式将大大突破现有局限,为首饰艺术创作开辟全新的天地。例如,王晓昕的作品《问礼·瑞器》是在直径 7 厘米的玉玦形首饰作品上,有序排布 108 个高 80 毫米的人体,五官、肌肉、手指脚趾清晰可见,每个人体与玉玦的接触面积不超过 1 平方毫米,精确地再现了中国传统玉器蒲谷纹纹饰(如图 8-26 所示)。3D 打印技术通过极其精确和科学化的表达,将当代的、科技的、理性的审美趣味与传统的、艺术的、抽象的表达手法有机结合起来,实现了视觉冲击和意义表达的高度统一。美国 Tylor 艺术学院首饰系教师 Dough Bucci 设计的作品 Trans-hematopoietic(造血干细胞)项饰(如图 8-27 所示),其蜂窝结构以及由红到白的色彩渐变,展现了一系列与细胞、血液、身体、死亡等相关的意象,将技术的视觉语言与其艺术理念巧妙地融为一体,该作品采用树脂为 3D 打印材料,质地较轻,为大尺寸首饰作品创作带了生机。

 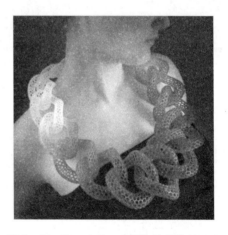

图 8-26 王晓昕创作的《问礼·瑞器》　　图 8-27　Dough Bucci 创作的项饰(2010)

艺术首饰一般都是独一无二的制作,不过出于创作的需要,艺术家有时也会批量制作。2010 年著名荷兰首饰设计师、艺术家 Ted Noton 在名为"Wanna swap your ring?"("愿意交换你的戒指吗?")的交互式艺术项目中,用 3D 打印机和玻璃填充的尼龙材料打印了 500 枚名为"Miss piggy"的猪造型戒指(图 8-28 所示)挂在展厅的墙上,并组成"手枪"的平面轮廓。在博物馆的展厅内,参与者可以用自己的戒指交换 Noton 的一枚"Miss piggy"。由此,Ted Noton 原有的墙面作品就渐渐地变成由五花八门的戒指或物品所组成的新画面,如图 8-29 所示。这个创意大胆的艺术项目,利用首饰作为载体,探索"所有权"和"信任"等问题。

图 8 - 28　Ted Noton 创作的 Miss piggy

图 8 - 29　"Wanna suop your ring?"
的展出效果

8.2.6　3D 打印个性化定制案例——医疗用品

随着 3D 技术的不断进步、打印速度逐步加快、打印费用越来越低，一些国家已批准部分 3D 打印产品进入临床使用。3D 打印可以满足个性化定制的医疗需求，3D 打印在医疗上的应用随着科技的发展将越来越广泛。

例如科学家设计的手臂康复矫形器，其 3D 打印基本流程如图 8 - 30 所示，其 3D 打印具体制作过程为：MRI 扫描（如图 8 - 31a 所示）→Mimics 三维模型重建（如图 8 - 31b 所示）→Geomagic Studio 表面处理（如图 8 - 31c 所示）→Abaqus 有限元分析并优化（如图 8 - 31d、e 所示）→3D 打印制作（如图 8 - 31f 所示）→矫形器产品（如图 8 - 31g 所示）。通过 30 个志愿者佩戴该 3D 打印手臂康复矫形器（如图 8 - 31h 所示）传统手工方法制作的石膏矫形器在"舒适度""使用简易度""性价比""重量""外表美观性""透气性"等几个维度上进行比较，结果表明 3D 打印矫形器在舒适度、透气性能方面有明显优势。

8.2.7　3D 打印个性化定制案例——食品

自 2011 年 7 月英国研究人员开发出巧克力 3D 打印机以来，3D 打印技术在食品工业中发展迅速。人们使用 3D 打印机打印出冰激凌、奶油、比萨、面条、饼干等色香味俱全的个性化食物，做到了科技与美食的完美融合。

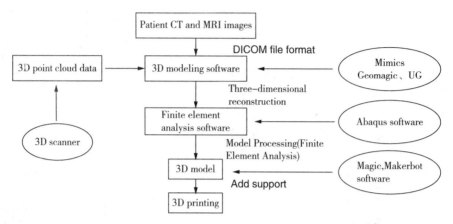

图 8-30 手臂康复矫形器的 CAD 软件处理及 3D 打印流程

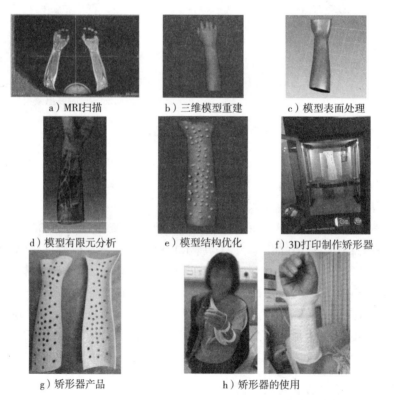

a）MRI扫描　　　　b）三维模型重建　　　　c）模型表面处理

d）模型有限元分析　　e）模型结构优化　　　f）3D打印制作矫形器

g）矫形器产品　　　　h）矫形器的使用

图 8-31 个性化定制 3D 打印医疗手臂康复器的基本过程

3D 打印技术在食品工业中的发展离不开 3D 打印设备和食品材料开发两个方面。3D 打印技术在食品打印中的应用见表 8-1 所列。我国食品领域 3D 打印技术的发展历程如

图8-32所示：中国的食品专利申请最早是中国计量学院发明的"一种三维食物打印机"，可以用于糕点的打印；在2013年至2014年前期，3D打印食品的主要对象是巧克力、糖果、蛋糕等食品；从2014年年中开始，3D打印的食品的对象拓宽到面包、面条、冰激凌等；到2015年出现了对中药、药膳的打印；2015年下半年出现了适用于煎饼打印的3D打印机；2016年出现了适用于爆米花、匹萨、汉堡等食品的3D打印机；2017年设计了三维膨化食品的打印机。目前3D食品打印在中国的发展势头较为强劲。

表8-1 3D打印技术在食品打印中的应用

项目	烧结技术	热熔挤出	粉末喷墨打印	喷墨打印
原料	低熔点粉末如糖、雀巢伴侣、脂肪	食品聚合物如巧克力	粉末如糖、淀粉、玉米淀粉、调味剂和液体黏结剂	低黏度材料如糊状物、泥状物
平台	载物台、烧结源、粉末层	载物台、加热元件、挤出装置	载物台、粉末层、黏结剂打印的喷墨打印头	载物台、喷墨打印头、温控装置
原理	粉末黏和热源	热源和挤压	粉末黏结和液体黏结剂逐滴沉积	逐滴沉积
制造产品	食品级艺术品、太妃糖形状	定制的巧克力	全彩方糖	定制的曲奇、食品糊
机器	Food Jetting Printer	Choc Creator	Chef Jet	Food Jet
公司	TNO	Choc Edge	3D Systems	De Grood Innovations

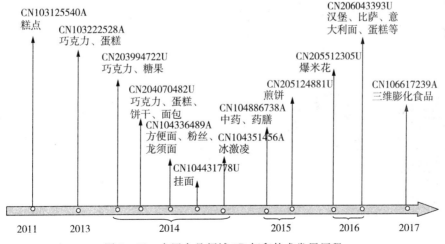

图8-32 中国食品领域3D打印技术发展历程

糖画是一项别具特色的中国传统技艺,由使用加热的液态糖浆描绘指定的二维图案后凝固完成(如图 8-33 所示)。糖画一般由经验丰富的师傅手工制作完成,这在一定程度上限制了糖画的流行,同时绘制的图案较为简单。3D 打印技术则用新办法使普通人也可以参与到对图案进行个性化的糖画设计与制作中,其基本过程是:输入人像(如图 8-34a 所示);使用素描合成算法;得到素描合成图(如图 8-34b 所示);使用人脸特征增强算法,得到优化图形(如图 8-34c 所示);获得打印路径(如图 8-34d 所示)和程序;使用 3D 打印机打出结果(如图 8-34e 所示)。图 8-35 所示的图案是 3D 打印草莓果酱技术在切片面包上的应用。

还有专家设计将 3D 打印机与陕西皮影元素相结合来制作糖画。其基本过程是:对皮影构成元素(纹饰、脸型、鼻型、眉型、眼型、发型、配饰、色彩等)进行提取,用户通过移动端的 APP 采集自己(或他人)人像并编辑,生成具有个人特征和传统皮影特征的 3D 浮雕数据,将数据传输到 3D 糖画打印设备中进行制作(如图 8-36 所示)。3D 糖画与皮影元素的结合,凸显科技和人文的交融,其作品不仅具有观赏性、文化性、趣味性,而且适合私人订制,更彰显个性。

图 8-33 糖画传统工艺

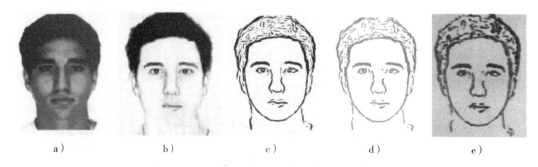

a)   b)   c)   d)   e)

图 8-34 糖画的 3D 打印基本过程

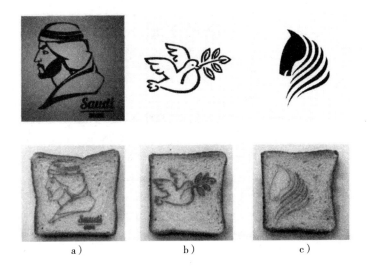

图 8-35　3D打印草莓果酱技术在切片面包上的应用

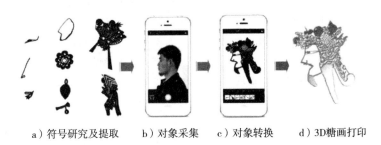

a）符号研究及提取　　b）对象采集　　c）对象转换　　d）3D糖画打印

图 8-36　3D糖画打印机与皮影元素相结合

参考文献

著作类：

[1] 蔡志凯,梁家辉.3D 打印和增材制造的原理与应用[M].北京:国防工业出版社,2017.

[2] 吕鉴涛.3D 打印原理、技术与应用[M].北京:人民邮电出版社,2017.

[3] 孙毅,等.走进神奇的 3D 打印世界[M].北京:科学出版社,2017.

[4] 曹明元.3D 打印技术概论[M].北京:机械工业出版社,2017.

[5] 高帆.3D 打印技术概论[M].北京:机械工业出版社,2016.

[6] 辛志杰.逆向设计与 3D 打印实用技术[M].北京:化学工业出版社,2017.

[7] 王运赣,王宣.粘剂剂喷射与熔丝制造 3D 打印技术[M].西安:西安电子科技大学出版社,2016.

[8] 王运赣,王宣.3D 打印技术[M].武汉:华中科技大学出版社,2014.

[9] 陈国清.选择性激光融化 3D 打印技术[M].西安:西安电子科技大学出版社,2016.

[10] 杨伟群.3D 设计与 3D 打印[M].北京:清华大学出版社,2015.

[11] 吴怀宇.3D 打印三维智能数字化制造[M].北京:电子工业出版社,2014.

[12] 徐光柱,何鹏,杨继全,等.开源 3D 打印技术原理及应用[M].北京:国防工业出版社,2015.

[13] 胡庆夕,韩琳楠,徐新成.快速成形与快速模具实践教程[M].北京:科学出版社,2017.

[14] 张统,宋闯.3D 打印机轻松 DIY[M].北京:机械工业出版社,2015.

[15] 陈继民.3D 打印技术基础教程[M].北京:国防工业出版社,2016.

[16] 黄文恺,朱静.3D 建模与 3D 打印的技术应用[M].广州:广东教育出版社,2016.

[17] 王铭,刘恩涛,刘海川.三维设计与 3D 打印基础教程[M].北京:人民邮电出版社,2016.

[18] 曹凤国.激光加工[M].北京:化学工业出版社,2015.

[19] 中国机械工程学会.机械工程学科发展报告(特种加工与微纳制造)[M].北京:中国科学技术出版社,2014.

[20] 王广春,赵国群.快速成形与快速模具制造技术及其应用[M].北京:机械工业出版社,2016.

[21] 白基成,刘晋春,郭永丰,等.特种加工[M].北京:机械工业出版社,2014.

[22] 章峻,司玲,杨继权.3D 打印成形材料[M].南京:南京师范大学出版社,2016.

[23] 孙水发,李娜,董方敏,等.3D 打印逆向建模技术与应用[M].南京:南京师范大学出版社,2016.

[24] 冯春梅,杨继权,施健平.3D 打印成形工艺及技术[M].南京:南京师范大学出版社,2016.

[25] 杨继权,郑梅,杨建飞,等.3D 打印技术导论[M].南京:南京师范大学出版社,2016.

[26] 魏青松.粉末激光熔化增材制造技术[M].武汉:华中科技大学出版社,2013.

[27] 王从军.薄材叠层增材制造技术[M].武汉:华中科技大学出版社,2013.

[28] 闫春泽.粉末激光烧结增材制造技术[M].武汉:华中科技大学出版社,2013.

[29] 赖周艺,朱明强,郭峤.3D打印项目教程[M].重庆:重庆大学出版社,2015.

[30] 蔡晋,李威,刘建邦.3D打印一本通[M].北京:清华大学出版社,2016.

[31] 詹迪维.Solidworks2015机械设计教程[M].北京:机械工业出版社,2015.

[32] 北京兆迪科技有限公司.Solidworks2012实例宝典[M].北京:机械工业出版社,2012.

[33] 张春红,郭磊.Solidworks产品造型设计案例精解[M].北京:电子工业出版社,2017.

[34] 曹汉阳,乐锐锋.3D打印梦想与现实之间[M].北京:电子工业出版社,2014.

[35] 曹明元,申云波.3D设计与打印实训教程(机械制造)[M].北京:机械工业出版社,2017.

[36] 陈雪芳,孙春华.逆向工程与快速成形技术应用[M].北京:机械工业出版社,2017.

[37] 李博,张勇,刘谷川,等.3D打印技术[M].北京:中国轻工业出版社,2017.

[38] 付丽敏.走进3D打印的世界[M].北京:清华大学出版社,2016.

[39] 王先文,葛亚琼,崔泽琴.3D打印技术及应用[M].北京:机械工业出版社,2017.

[40] 张策.机械工程史[M].北京:清华大学出版社,2015.

[41] 马义和.3D打印建筑技术与案例[M].上海:上海科学技术出版社,2016.

[42] 杨永强,宋长辉.广东省增材制造(3D打印)产业技术路线图[M].广州:华南理工大学出版社,2017.

论文类:

[1] 赵志国,柏林,李黎,等.激光选区熔化成形技术的发展现状及研究进展[J].航空制造技术,2014,19:46—49.

[2] 周伟民,夏张文,王涵,等,仿生增材制造.微纳电子技术[J].航空制造技术,2018,6:438—449.

[3] 王强,姜明伟,郭书贵.中国增材制造产业发展现状及趋势分析[J].中国科技产业,2018,2:52—56.

[4] 唐洋,陈海锋,刘志强,等.3D打印技术产业化现状及发展趋势分析[J].自动化仪表,2018,5:12—17.

[5] 郭延龙.仿生学视角下3D打印服装设计研究[J].装饰,2018,3:104—106.

[6] 刘永辉,尹作重,黄双喜,等.面向3D打印云服务平台的体系架构研究[J].制造业自动化,2015,43(5):1—4.

[7] 孟炯.满足个性化需求的3D打印定制模式创新[J].科技进步与对策,2016,33(15):22—29.

[8] 赖燕娜,马顺,李莺,等.从专利申请看3D打印技术在食品工业中的应用进展[J].食品与机械,2018,34(1):163—166.

[9] 杨剑威,胡亚南,王毅,等.基于FDM技术的3D糖画文创产品打印机设计[J].食品与机械,2017,33(10):107—110.

[10] 张贤富.3D打印对首饰个性化定制过程的重塑研究[J].包装工程,2018,39(12):180—185.

[11] 王晓昕.3D打印技术在当代金工首饰艺术领域的设计应用研究[J].装饰,2016,8:101—103.

[12] 吴树玉.3D打印首饰之艺术观[J].宝石和宝石学杂志,2015,17(1):50—55.

[13] 卫保卫,王爱娣,张嘉敏,等.基于3D打印技术的服装个性定制产业发展研究[J].科技风.

2018,2:181+188.

[14] 安妮,王佳.3D 打印技术对服装定制业的影响初探[J].上海纺织科技,2015,43(5):1—4.

[15] 廖政文,莫治向,张国栋,等.3D 打印个性化康复矫形器的设计制作[J].中国医学物理学杂志,2018,35(4):470—477.

[16] 程碧华,汪霄,潘婷.3D 打印技术在建筑领域的应用及问题探析[J].科技管理研究,2018,7:172—177.

[17] 李彦生,尚奕彤,袁艳萍,等.3D 打印技术中的数据文件格式[J].北京工业大学学报,2016,42(7):1009—1015.

[18] 杨帅.产业升级的未来方向:定制模式——文献研究的视角[J].理论导刊,2015,6:97—101.

[19] 杜姗姗,周爱军,陈洪,等.3D 打印技术在食品中的应用进展[J].中国农业科技导报,2018,20(3):87—93.

[20] 潘海文,韩亚东.光固化成形工程工艺的发展及应用[J].苏州市职业大学学报,2018,29(1):32—34,80.

[21] 贺超良,汤朝晖,田华雨,等.3D 打印技术制备生物医用高分子材料的研究进展[J].高分子学报,2013,6:722—732.

[22] 王红,韩芳芳,胡海龙.生物医用高分子材料在 3D 打印技术方面的研究进展[J].中国医疗器械信息,2017,3:22—24+43.

[23] 杜宇雷,孙菲菲,原光,等.3D 打印材料的发展现状[J].徐州工程学院学报(自然科学版),2014,29(1):20—24.

[24] 孙志雨,崔新鹏,李建崇,等.金属/陶瓷粉末 3D 打印技术及其应用[J].精密成形工程,2018,10(3):143—148.

[25] 郑增,王联凤,严彪.3D 打印金属材料研究进展[J].上海有色金属,2016,37(1):57—60.

[26] 佚名.超全面 3D 打印材料大解析[J].塑料制造,2016,5:53—59.

[27] 张阳军,陈英.金属材料增材制造技术的应用研究进展[J].粉末冶金工业,2018,28(1):63—67.

[28] 吴世嘉.3D 打印技术在我国食品加工中的发展前景和建议[J].中国农业科技导报,2015.17(1):1—6.

[29] 张学军,唐思熠,肇恒跃,等.3D 打印技术研究现状和关键技术[J].材料工程,2016,2:122—128.

[30] 李昕.3D 打印技术及其应用综述[J].凿岩机械气动工具,2014,4:36—41.

[31] 朱艳青,史继富,王雷雷,等.3D 打印技术发展现状[J].制造技术与机床,2015,12:50—57.

[32] 张希平,苏健强,高健.3D 打印技术及我国的发展现状[J].信息技术与标准化,2015,6:14—21.

[33] 何禹坤,王基维,王黎,等.基于激光熔化成形包套的热等静压近净成形试验研究[J].热加工工艺,2012,13:1—3.

[34] 杨永强,刘洋,宋长辉.金属零件 3D 打印技术现状及研究进展[J].机电工程技术,2013,4:1—8.

[35] 吴伟辉,杨永强.选区激光熔化成形过程中熔线形貌的优化[J].铸造技术,2012,11:1308—1311.

[36] 肖冬明,杨永强,苏旭彬,等.金属生物材料支架的微结构拓扑优化设计及选区激光熔化制造(英文)[J].Transactions of Nonferrous Metals Society of China,2012,10:2554—2561.

[37] 马陶然,方艳丽,王华明.激光沉积 Ti60A 高温钛合金显微组织及固态相变[J].材料热处理学报,2012,10:101—106.

[38] 谭华,张凤英,陈静,等.混合元素法激光立体成形 Ti－XAl－YV 合金的微观组织演化[J].稀有金属材料与工程,2011,8:1372—1376.

[39] 温如军,等.TC4 激光立体成形中基材热影响区组织性能优化研究[J].应用激光,2012,2:91—95.

[40] 晏耐生,林峰,齐海波,等.电子束选区熔化技术中可控振动落粉铺粉系统的研究[J].中国机械工程,2010,19:2379—2382＋2389.

[41] 赵冲.基于 FDM 工艺的 3D 打印机机械系统设计制造研究[D].华北电力大学,2017.

[42] 余亮.基于 ARM 的桌面型 3D 打印机电控系统开发[D].湖南科技大学,2014.

[43] 徐佳.大型 FDM 双喷头 3D 打印机设计及工艺参数研究[D].燕山大学,2016.

[44] 张洋.基于 FDM 技术的 3D 打印机机械结构设计及控制系统研究[D].长春工业大学,2017.

[45] 王兴迪.FDM 铋锡合金 3D 打印机结构设计及优化研究[D].西京学院,2017.

[46] 梁松松.并联结构 3D 打印机的运动学分析与精度研究[D].广州大学,2016.

[47] 赵海明.3D 打印设计与个性化制造技术[D].浙江大学,2017.

[48] 唐语瓷.基于 3D 打印技术下时尚鞋造型设计应用研究[D].四川师范大学,2017.

[49] 罗文煜.3D 打印模型的数据转换和切片后处理技术分析[D].南京师范大学,2015.

[50] 王腾飞.3D 打印技术中分层与路径规划算法的研究及实现[D].河北工业大学,2015.

[51] 牛超.3D 打印预处理软件研究与设计[D].中北大学,2017.

[52] 谢明师.3D 打印预处理软件设计与实现[D].中北大学,2017.

[53] 李瑞迪.金属粉末选择性激光熔化成形的关键基础问题研究[D].华中科技大学,2010.

后　记

　　2018 年是不平凡的一年,这一年是安徽工业大学建校 60 周年,也是我 35 周岁的生日之年。从 2001 年求学安徽工业大学以来,我在安徽工业大学走过了人生第二个 18 年。对教师职业的挚爱、对学校的深厚感情、对学生的殷切希望,让我早就暗暗许下了将毕生奉献给教育事业的誓言。我要力争做一名有理想信念、有道德情操、有扎实知识、有仁爱之心、受学生欢迎的老师,并将这个理念贯穿到工程实践和创新教育的工作中,既向学生传授职业之技,又向学生传承工匠之魂,为中国制造铸就更多合格人才。

　　安徽工业大学自 2003 年引入第一台 LOM 工艺 3D 打印机,2009 年引入第一台 FDM 工艺 3D 打印机,到目前拥有各类 3D 打印机近 40 台。从最初的演示实验,到分组实验,再到分层次实践,我在实践中积累了丰富的 3D 打印教学经验。2016 年我参加了教育部工程训练课程教学指导委员会和机械基础教学指导委员会联合主办的首届高校金工/工程训练青年教师微课大赛,我主讲的"3D 打印基本工艺",获教学一等奖,这使我有了编写一部 3D 打印实践教程的初步想法;2016 年 9 月至 10 月参加了 SolidWorks 培训并取得 CSWP 证书,它让我理清了这本教程的编写思路;2017 年连续两个学期开设的"3D 打印技术基础及实践"选修课程,深受学生欢迎,在教学过程中,我完成本书核心部分的撰写工作。2018 年又汲取了各种营养充实其中,使本书最终得以成形。随着教学资源的不断丰富,MOOC、微课、智慧课堂等教学形式的不断变革,目前,我正在努力将该课程打造成为一门"线"上"线"下混合式的实践类"金课"。

　　特别感谢安徽工业大学党委书记刘新跃教授、马鞍山市科技局局长王焰让我幸运地参加到马鞍山市创新型城市建设工作之中,让我对科技、教育、产业、管理等方面有了新的认识,让我可以更好地开展教学和科研工作,这也是我能在极短时间内完成本书撰写工作的力量源泉。"路漫漫其修远兮,吾将上下而求索",我将不断以此鼓励自己取得更多的教学和科研成果。

杨　琦

2018 年 11 月 15 日

于安徽工业大学荟灵湖畔